地质分析卓越工程师教育培养计划系列教材

地质样品有机分析

帅 琴 邱海鸥 汤志勇 等编

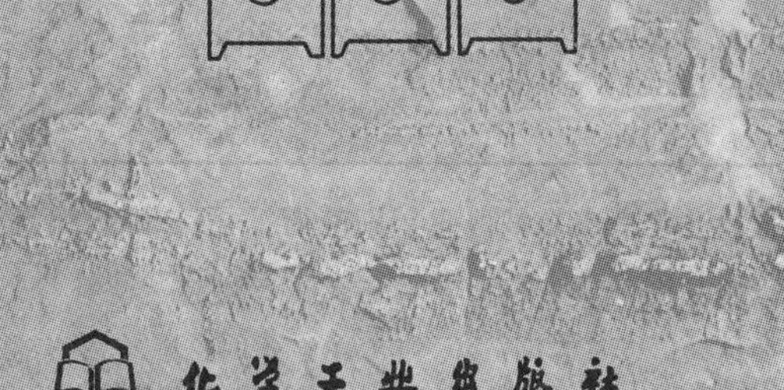

化学工业出版社
·北京·

《地质样品有机分析》共分为五章，介绍了地质样品有机物分析中样品的采集与制备、样品前处理技术与方法、检测技术与方法等内容，并结合不同类型目标分析物列举了部分地质样品中有机物分析检测的应用实例。

《地质样品有机分析》可作为高等学校化学、应用化学专业学生的教材，可作为化学及相关专业研究生、教师、科研人员的教学与科研参考书，也可作为地质、石油、化工、环境、冶金、选矿及材料等工作部门分析测试人员的参考书及技术培训教材。

图书在版编目（CIP）数据

地质样品有机分析 / 帅琴等编. —北京：化学工业出版社，2019.9

地质分析卓越工程师教育培养计划系列教材

ISBN 978-7-122-34658-2

Ⅰ.①地… Ⅱ.①帅… Ⅲ.①岩样-有机分析-教材 Ⅳ.①P584

中国版本图书馆 CIP 数据核字（2019）第 109578 号

责任编辑：杜进祥　　文字编辑：向　东

责任校对：边　涛　　装帧设计：韩　飞

出版发行：化学工业出版社（北京市东城区青年湖南街 13 号　邮政编码 100011）

印　　刷：三河市航远印刷有限公司

装　　订：三河市宇新装订厂

787mm×1092mm　1/16　印张 7¾　字数 186 千字　2019 年 10 月北京第 1 版第 1 次印刷

购书咨询：010-64518888　　售后服务：010-64518899

网　　址：http://www.cip.com.cn

凡购买本书，如有缺损质量问题，本社销售中心负责调换。

定　　价：28.00 元

FOREWORD 前言

地质分析是地质科学研究和地质调查工作的重要技术手段之一。其产生的数据是地质科学研究、矿产资源及地质环境评价的重要基础，是发展地质勘查事业和地质科学研究的重要技术支撑。随着现代地球科学研究领域的不断拓宽，对地质分析工作的需求日益增强，迫切要求地质分析技术不断地创新和发展，以适应现代地球科学研究日益增长的需求。在此背景下，根据教育部“卓越工程师教育培养计划”的相关规定和要求，为培养地质分析领域创新型、复合型优秀技术人才，自 2011 年起，中国地质大学（武汉）应用化学专业依托自身优势，制定了“地质分析卓越工程师教育培养计划”，并于当年开始试点工作。2013 年，“地质分析卓越工程师教育培养计划”获得教育部批复，自 2014 年起正式实施。本书即为“地质分析卓越工程师教育培养计划”系列教材之一。

地质分析是中国地质大学（武汉）应用化学专业的主要专业课程之一，也是“地质分析卓越工程师班”的重要专业课程。近年来地质分析测试技术紧密围绕现代地球科学发展的需求，由传统的岩石矿物分析拓展到水体、土壤及植物分析；由传统的物质成分、物相分析拓展到形态分析、元素价态分析；由传统的无机元素分析拓展到有机物分析等。地质样品有机物分析已成为现代地质分析领域的重要组成部分，在现代地球科学研究中发挥着越来越重要的作用。地质样品有机物分析测试技术的发展对于现代地球科学领域研究内容的拓展及相关基础理论研究起到了重要的促进作用，具有重要的现实意义。

近年来，国内外学者对地质样品有机物分析方法进行了系统的研究，本教学及科研团队在一些领域如固相微萃取技术及方法、环境中有机污染物分析方法等方面也取得了一定的成果。本书在总结、归纳文献和团队工作的基础上，重点介绍了地质样品有机物分析中样品的采集与制备、样品前处理技术与方法、检测仪器及技术方法等方面的内容，并列举了部分地质样品中不同目标分析物的检测应用实例。

本书共分为五章，由帅琴、邱海鸥、汤志勇等编。第 1 章由帅琴、彭月娥等编写，第 2 章由邱海鸥、汤志勇、常卿等编写，第 3 章由帅琴、黄理金、徐生瑞等编写，第 4 章由顾涛、雷晓庆等编写，第 5 章由黄云杰、许双双等编写。全书由帅琴、汤志勇统稿。本书的出版得益于前辈们所积累的教学经验，得益于“地质分析教学与科研团队”全体人员长期从事教学与实践的成果，得益于中国地质大学（武汉）“地质分析卓越工程师教育培养计划”专项经费的资助。同时，中国地质大学（武汉）教务处和材料与化学学院领导在本书的编写过程中给予了大力支持，本团队研究生们为本书的录入付出了辛勤的劳动，在此一并表示深深的谢意。另外，特别感谢本书编写过程中所参考的书籍、文献及相关资料的作者们。

由于编者水平有限，书中难免存在一些不足与欠妥之处，恳请读者进行指正和谅解。

编者

2019 年 3 月

CONTENTS 目录

第 1 章 地质样品有机分析概论

1.1 地质样品、地质分析和有机分析

地质样品（材料）是人类社会发展中最重要、最基本的原材料。地质样品作为一种地质事件的载体和记录器，蕴藏着与天地演化、生物进化及气候环境变化有关的丰富信息，长久以来就是地球科学家获取信息最重要、最基本的物质源泉。地质样品生成久远、种类繁多、成分复杂，几乎涉及天然存在的所有元素、同位素和化合物，而且其含量跨度达十多个数量级。因此，地质样品是分析化学研究中最复杂的对象之一，地质样品分析是分析化学在地球科学中的重要应用。

关于“地质分析”这一术语，武汉大学《分析化学》（第五版）在明确给出了“分析化学”的定义，即“发展和应用各种理论、方法、仪器和策略以获取有关物质在相对时空内的组成和性质的信息的一门科学，又被称为分析科学”的同时并针对不同的分析材料，将分析化学分为地质分析、冶金分析、环境分析等。简单地说，地质分析就是以地质材料为分析对象的分析科学。2012 年出版的《地球化学》（张宏飞，高山主编）一书，将“地质分析”称为“分析地球化学”。

地质样品有机分析即分析的材料为地质样品，分析的对象是有机物质。地质样品中除了无机物以外还存在着各种有机物，有机分析在地质学研究中发挥着越来越重要的作用。研究者应用目的不同，其所获取样品中有机物化学组成信息及形式也就不同，如有机物的含量和结构、空间分布信息等。有关地质样品有机分析的目的和应用领域，可简要归纳如下：①通过分析样品中有机物的结构和含量来对一个完整的地质材料进行鉴别；②监测天然地质材料样品的污染是否违反地方法令或法定限量；③通过分析地质样品中有机物的结构及含量，研究其演化历史，例如利用生物标志物重建古温度、古气候以及古时候外源性有机物的输入等；④通过有机化合物的空间分布分析、成像分析研究物质来源，如河流的污染源，利用水系沉积物分析定位暴露的矿床等。因此，大力发展有机分析对于解决地球科学领域有关的基础理论和实际应用问题具有重要意义。

1.2 地质样品有机分析发展现状

地质样品有机分析的发展是随着地质分析的发展而发展的。专业学术期刊和国际会议更具体地记录了地质分析的发展历程。美国《分析化学》（*Analytical Chemistry*）每两年一次的“应用评论”（Application Reviews）专栏，从 1975 年起开列了“地质分析与无机材料”专题；除著名的《分析化学》和《地球化学》期刊（Analyst，Talanta，JCA，JAAS，Chemical Geology；Geochimica et Cosmochimica Acta）外，更专业性的期刊——《地质标样通讯》（*Geostandars Newsletter*）1977 年创刊，1997 年起更名为 *The Journal of Geostandards and Geoanal-*

ysis，2004 年起更名为 *Geostandars and Geoanalytical Research*；1990 年，Geoanalysis 90'在加拿大召开；1997 年 6 月国际地质分析者协会（IGA）创立。从此，地质分析一词已被越来越多的分析者所接受，它比“岩矿分析”具有更广泛、更深刻的内涵，更能表达地质分析领域的现代发展。

在 20 世纪 60 年代以前，地质分析主要分析岩石矿物的主元素、次元素含量，以传统的化学分析为主。20 世纪 60～70 年代，对岩矿中痕量元素分析的需求和分析技术的进步，多种仪器分析技术得到迅速发展，主元素、次元素和众多痕量元素分析成为地质分析的主要内容。随着研究领域的深入和扩展，传统的地质样品已不仅仅是无机的固态岩石矿物，气、液、流体包裹体、软物质、冰心、生物体及化石等都成为地质分析的样品。20 世纪 80～90 年代，随着现代科技的发展，特别是电子计算机的普遍应用，分析技术得以迅速发展，使之快速进入自动化、智能化和信息化时代。许多痕量元素直接测量（不包括预富集）检出限已降到 ng/g，甚至 pg/g 级，这已能满足当前大多数宏观应用的要求。多种探针技术的进步使当前微区分析的空间分辨率达到亚微米水平，为人类认识和研究微观物质的化学特征提供了强有力手段，开辟了显微分析和元素分布分析的新领域。与此同时，各类有机化合物、官能团，特别是生物大分子分析是比无机元素分析更为复杂、更广阔的研究领域。各种色谱（GC、HPLC）、质谱及色谱-质谱联用技术、核磁共振波谱（NMR）技术为环境及生命科学研究提供了前所未有的技术支撑，使人们能更全面、更深刻地研究和认识更为庞杂的有机物和生命物质的化学组构、功能与活性。与此有关的文献已远远超过无机元素分析而成为当今分析化学文献的主体。就地质分析而言，地质分析仍是以无机元素分析为主，但地质有机分析方面的成就已为环境地学研究及能源矿产（油、气）勘查中有机地球化学分析的发展奠定了基础。

现如今，地质分析从传统的单纯无机分析发展为无机分析和有机分析并重，多方位、多技术、多手段为矿产资源、农业和生态环境等领域的研究和调查提供基础数据，是近年来地质分析发展的最突出的特点。特别是资源和环境领域关于生物标志物和环境有机污染物的分析技术的研究和应用已取得显著成果。生物标志物（biomarker），也被称为分子化石（moleculer fossil）或化学化石（chemical fossil），是指来自生物体，经历了成岩过程而能够保持原来的碳骨架的有机化合物。也就是说，可以根据地质体中保存下来的生物标志物的碳骨架推测原来可能的生物源。常见的生物标志物种类众多，包括正构烷烃、异构烷烃、藿烷类、甾类、芳香类等，分析方法主要以色谱（GC、LC）以及色谱-质谱联用（GC-MS、LC-MS）技术为主。现代有机污染物包括持久性有机污染物（persistent organic pollutants，POPs）以及一些新兴的有机污染物（new emerging organic contaminants，EOCs），如药品与个人护理品（pharmaceutical and personal care products，PPCPs）和内分泌干扰物（endocrine-disrupting compounds，EDCs）。PPCPs 是指包括药品、食品添加剂、化妆品等及其代谢转化产物在内的一系列化学物质。EDCs 则主要对生物的生殖发育系统产生干扰或致畸，导致内分泌系统紊乱或免疫功能改变，也可导致神经系统失调等。美国《分析化学》（*Analytical Chemistry*）近几年有多篇关于质谱技术用于分析新兴环境污染物的综述性文章，并且污染物种类逐年增加。由于质谱在环境污染物分析方面卓越的贡献，质谱也被称为“环境质谱”（environmental mass spectrometry）。

我国关于地质样品的有机分析测试技术正逐渐与国际接轨。在地质“野战军”装备计划的大力支持下，地质实验室引进了吹扫-捕集进样系统，快速溶剂萃取、微波萃取、圆盘萃取等有机分析样品前处理系统和气相色谱、高效液相色谱、气相色谱/质谱、超高效液相色谱等现代先进的有机分析仪器和设备，保证了有机分析测试技术发展所需的硬件设备，推动了有机地球化学实验测试技术的研究和应用，并取得了显著的成果。近年来，针对“全国地下水水质调查和污染评价”项目中要求的87项必测和选测的有机污染物分析项目，建立了顶空气相色谱法测定地层水中的苯系物、水中石油类有机污染物的定性分析、大口径毛细管柱气相色谱法测定水中15种有机磷农药等分析测试方法。针对地下水中挥发性有机物含量一般为痕量到超痕量水平、分析过程中极易挥发损失和相互交叉污染等特点，将吹扫-捕集/气相色谱-质谱法引进到地下水挥发性有机物的测定中，避免了样品采集、保存和检测过程中的污染和挥发损失以及常规顶空、直接进样分析法灵敏度低、易损失、易污染的缺点，使得地下水中挥发性有机物分析指标达到国际先进水平。针对地下水中挥发性有机物含量低、样品分析前需要大体积富集的特点，积极研究和开发固相萃取新技术，确保检测方法灵敏、准确、高效。目前研究开发的“圆盘固相萃取-气相色谱法测定水中16种有机氯农药和13种有机磷农药”“固相萃取-高效液相色谱法测定水中有机酚”“圆盘萃取-气相色谱/质谱法测定水介质中多氯联苯”和我国具有自主知识产权的“502树脂固相萃取水中多氯联苯”等系列分析方法大大提高了样品分析效率和分析准确度，减少了大量有机溶剂对环境造成的污染，满足地下水中主要半挥发性有机污染物检测的急切需要。微波萃取、加速溶剂萃取等提取新技术与固相萃取、凝胶色谱净化新技术的结合，使得土壤、底泥等复杂基质中有机污染物的分析效率成倍提高，有机试剂用量大幅降低，分析方法更加灵敏、准确，避免了常规索氏抽提分析流程长、使用大量有机溶剂的缺点。“微波萃取-气相色谱/质谱法测定土壤样品中多氯联苯”“加速溶剂萃取-气相色谱/质谱法测定土壤样品中多氯联苯”“加速溶剂萃取-气相色谱/质谱法测定土壤样品中邻苯二甲酸酯”“加速溶剂萃取-气相色谱/质谱法测定土壤样品中有机氯农药残留量”等系列分析方法，已在多目标生态地球化学调查、土地质量调查中发挥积极作用。“气相色谱/质谱/负化学电离源法测定多氯联苯”和“大体积进样、高灵敏度检测地下水样品中有机氯农药残留量”的检测新技术，大大提高了多氯联苯、高氯代化合物、有机氯农药的分析灵敏度。“电子轰击源与负化学电离源联合定量测定多氯联苯”的新方法，弥补了常规电子轰击源定量分析的不足，使多氯联苯检测更加灵敏、准确。同时大体积进样、高灵敏度检测新方法大大减小样品富集倍数和有机试剂使用量，使得分析方法更加简单、环保。如固相微萃取技术几乎可以用于气体、液体、生物、固体等样品中各类挥发性或半挥发性有机物质的分析检测，它集采样、分离、浓缩、进样于一体，符合绿色环保的发展趋势，越来越受到科学家们的关注。近年来该技术在地质样品中生物标志物（如正构烷烃、脂肪酸等）及有机污染物（如多环芳烃、多氯联苯等）的分析检测中均有报道。节约分析时间、大大减少有机溶剂的使用、操作简捷等特征使得分析工作者对固相微萃取技术产生了极大的兴趣。可以预期，该技术必将在地球化学分析中发挥更大的作用。

1.3 地质样品中有机物的分类

地质样品中的有机质主要来自于各种生物有机质。生物体死亡并埋藏于沉积物以后，便随着沉积岩的成岩作用而发生变化，其中一部分稳定的有机化合物保存了下来，如脂肪酸、氨基酸、色素、卟啉、嘌呤以及嘧啶等。

另一部分，也是绝大多数的有机质则随着成岩过程发生变化，丧失了与生物体的同一性，生物体中的生物聚合物慢慢分解成低聚体或单体，在成岩过程中发生了各种复杂的变化（加氢作用、异构化作用、裂解以及破坏生物体中一些有序骨架构型的其他作用等），使分子中的官能团（—COOH、—OCH_3、—OH、—NH_2 等）消失，分子重排、聚合，进而产生了新的、地球化学性质更稳定的有机质，如烃类、腐殖酸和干酪根等。

1.3.1 烃

烃是碳氢化合物的简称，大量存在于沉积岩、石油、煤和天然气等地质样品中，烃类物质主要可分为开链烃和环烃，具体分类如图 1-1 所示。

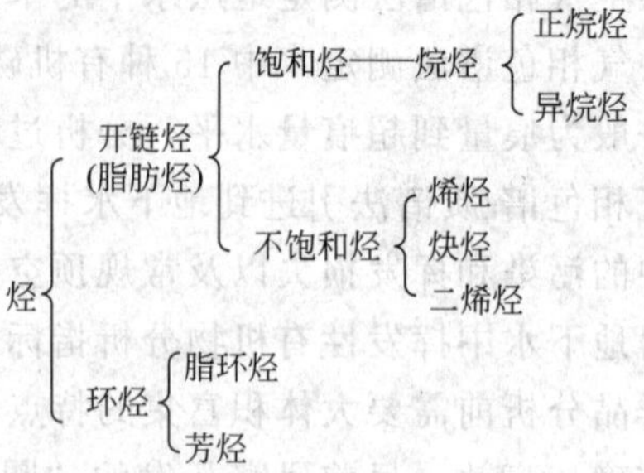

图 1-1 烃类物质分类

1.3.1.1 开链烃

开链烃又称脂肪烃，是分子中碳原子间连接成链状的碳架，两端张开不成环的烃。开链烃又可以根据碳原子碳键的饱和程度分为饱和烃和不饱和烃。

(1) 饱和烃——烷烃

饱和烃即烷烃，其分子中碳原子与氢原子、碳原子之间均由单键相连，烷烃的通式为 C_nH_{2n+2}。其中碳链为直链型的为正烷烃，含有支链的为异烷烃。

烷烃均为非极性分子，相对密度均小于 1。烷烃的熔沸点较低，C_1～C_4 的烷烃为气体；C_5～C_{17} 的正烷烃为液体；C_{18} 以上的正烷烃为固体。低沸点的烷烃为无色液体，有特殊气味；高沸点烷烃为黏稠油状液体。

烷烃的沸点随分子量增大而增大。同碳数情况下，异烷烃由于存在支链分子空间阻力相对于正烷烃大，分子间距及分子间作用力相对于正烷烃小，故其沸点低于正烷烃。

① 正烷烃　正烷烃由于分子中键的饱和性和非极性的特性，化学稳定性很高，烃可以在自然界广泛分布。另外，正烷烃尤其是石油组分中的高级正烷烃易被细菌分解和代谢，高级正烷烃在受热情况下裂化或裂解成较低级的烷烃和烯烃，其中可能同时伴随异构化作用生成异烷烃。

正烷烃是地质样品，尤其是石油、油页岩中的主要成分之一，原油中含量一般占 15%～20%，原油中正烷烃的分布可以从 C_4 到 C_{40}，甚至更高（C_{40} 以上的正烷烃含量较少），一般以低碳数的正烷烃较为丰富（也有部分以 C_{20} 以上的正烷烃为主的原油）。

正烷烃是地球化学研究中的重要指标之一，它常用于以下两方面：

a. 判断原油和岩石有机质的成熟度　根据正烷烃分布曲线的形状、分布的碳数范围及主峰碳位置、OEP 值（奇偶优势指数）或 CPI（碳优势指数）区分原油和岩石有机质的成熟程度。在原始母质相同、无外来油源加入的情况下，正烷烃碳数分布范围广，主峰碳位置偏向高碳数，高碳数正烷烃的相对浓度高，即代表油的成熟度较低。

b. 原油对比　利用正烷烃进行原油对比主要是基于相同的原油具有相似的正烷烃分布情况，通过分布曲线的形状、碳数分布范围和主峰碳位置将原油归类或比较。可用于石油污染源对比调查、石油地面化探和原油运移方向追踪等工作。但需要注意的是，影响正烷烃分布曲线的因素较多，故进行原油对比时应对多种指标进行综合分析，才能得到科学可靠的结果。

② 异烷烃　异烷烃即有支链的饱和烃。地质样品有机物中最重要的是类异戊二烯烃（或称“异戊二烯型烃”），类异戊二烯烃是一类结构有规则的饱和异烷烃，在其碳链上

每隔 3 个碳原子（$—CH_2—$）就有一个甲基（$—CH_3$）支链。它符合烷烃的基本规律，但它抵抗细菌分解的能力和热稳定性都高于正烷烃，利于在地质体中保存。部分重要类异戊二烯烃的结构见表 1-1。

表 1-1 部分重要类异戊二烯烃的结构

名称	碳原子数	结构
植烷	20	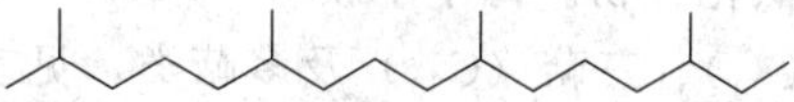
姥鲛烷	19	
降姥鲛烷	18	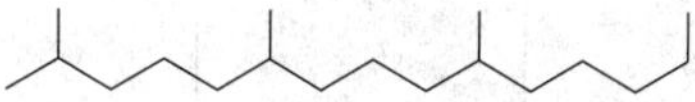
	17	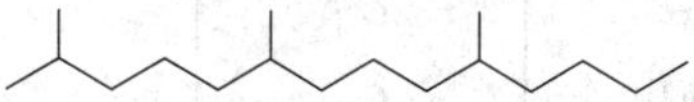
	16	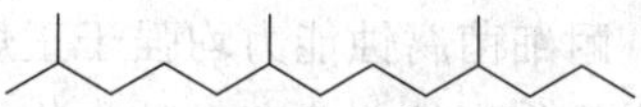
法呢烷	15	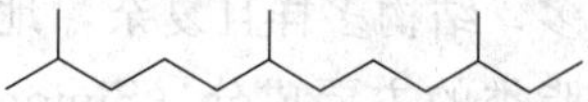
角鲨烷	30	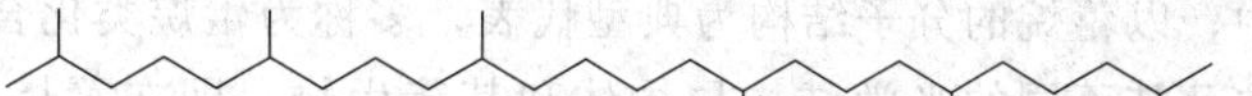
番茄红烷	40	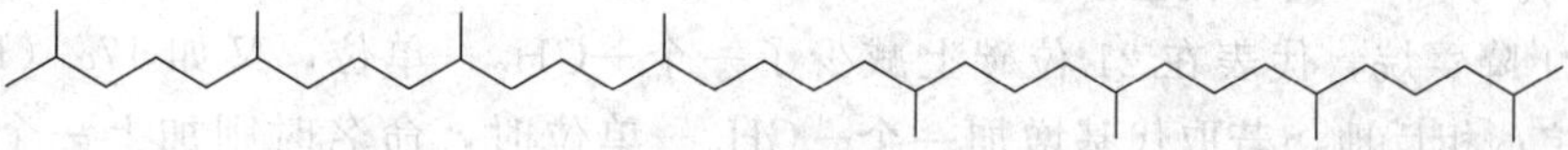
β-胡萝卜烷	40	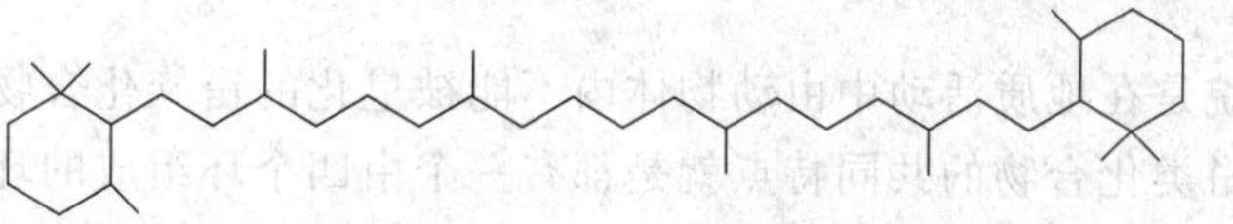

一般认为类异戊二烯是叶绿素植基侧链降解的产物，而植醇在沉积及早期成岩过程中由于环境氧化/还原条件不同，降解产物也不同，在还原环境下趋于降解生成植烷，在氧化环境下趋于降解生成姥鲛烷。见图 1-2。

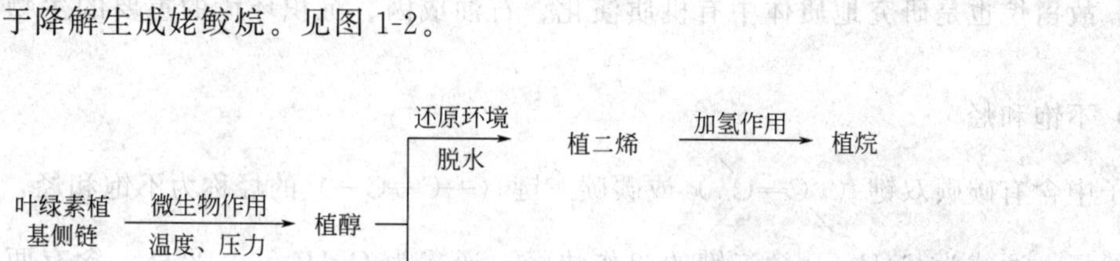

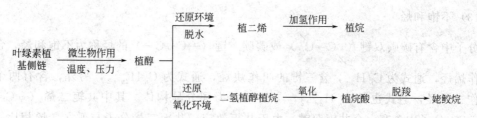

图 1-2 植醇在不同沉积环境中的降解过程

故类异戊二烯烃中植烷/姥鲛烷的比值可以反映原始物质的沉积环境的氧化/还原特征。

此比值还可用于判定陆相/海相沉积，由于一般陆相沉积相较于海相沉积更富氧，更易形成氧化环境，但由于沉积基质 pH 值、所含其他物质、温度等因素不同也会造成不同的比值，故植烷/姥鲛烷的比值只是考评因素之一，实际应用时应考虑多方面因素进行综合判断。

（2）萜类、甾烷

萜类是一种环状类异戊二烯化合物，符合（C_5H_8）$_n$ 通式，拥有含氧以及不同饱和程度的衍生物的一类天然化合物。每十个碳（—CH_2—）叫作一萜，一般分为单萜（C_{10}）、倍半萜（C_{15}）、二萜（C_{20}）、三萜（C_{30}）及多萜类，见表 1-2。

表 1-2 萜类化合物的分类

类别	异戊二烯单位	碳数	化合物实例
单萜	2	C_{10}	薄荷醇
倍半萜	3	C_{15}	法呢醇
二萜	4	C_{20}	叶绿醇、维生素 A(A_1)
三萜	6	C_{30}	皂角素
四萜	8	C_{40}	胡萝卜素、叶黄素、玉米黄素、番茄红素、虾红素

萜类的热稳定性、耐细菌腐蚀能力均强于正烷烃，这也决定了萜类能够较为稳定地存在于地质体中，萜类化合物作为较普遍存在的生物标志化合物，主要代表原核微生物的输入。

萜类化合物种类繁多，结构多样且复杂，地质体中分布较广的有二萜类和五环三萜类。二萜烷酸是高等植物树脂类的主要成分（Simoneit，1977），而五环三萜类普遍存在于各类沉积物中，以藿烷的分子结构为典型代表，多称为藿烷类化合物。在地质体中分离出来的大多是藿烷及其不同的光学结构异构体和其衍生物，即在藿烷基础上取代氢原子或取代基不同。其中，当取代基减少一个—CH_2—单位时，在命名时加上一个“降”字，如 17α（H）-21 降藿烷，代表在 21 位碳上减少了一个—CH_2—单位，又如 17α（H）-21,29,30-三降藿烷；相反地，若取代基增加一个—CH_2—单位时，命名时则加上一个“升”字，其他部分相同。

甾烷是在地质活动中由动物体内不能被皂化的甾族化合物（结晶醇类，如甾醇）转化而来的，甾类化合物的共同特点就是都有一个由四个环组成的环戊烷多氢菲的骨架。在目前的生物活体内没有发现甾烷，仅在地质样品中存在。比较重要的甾烷有胆甾烷、麦角甾烷和谷甾烷。

甾烷在由具有生物活性的甾类化合物转化的时候发生异构化作用，转化成更加稳定的地质构型，故甾烷也是研究地质体中有机质演化、石油成因、沉积环境的重要的生物标志化合物。

（3）不饱和烃

分子中含有碳碳双键（ $>C=C<$ ）或碳碳三键（—C≡C—）的烃称为不饱和烃，含双键的叫作烯烃，通式为 C_nH_{2n}，含三键的叫作炔烃，通式为 C_nH_{2n-2}，另外，含有两个双键的叫作二烯烃，通式也是 C_nH_{2n-2}，与炔烃互为同分异构体。其中共轭二烯（—C═C—C═C—）分子中含有一个共轭双键，由于共轭效应，共轭二烯分子与孤立二烯相比，键长平均化，内能降低。

不饱和键中的 π 键容易断裂，故烯烃和炔烃的化学性质活泼，易发生加成、氧化、聚合等反应。

1.3.1.2 环烃

(1) 脂环烃

分子结构中含有环状骨架，组成与开链烃相似的环状脂肪烃称为脂环烃，通式为 C_nH_{2n}，含有不饱和键的环烃称为环烯烃或环炔烃。脂环烃中最稳定的是含有五元环和六元环的化合物。

含有1～2个环、分子量低（碳数小于10）的脂环烃是石油烃的重要组分。

(2) 芳烃

芳烃是一类具有特定环状结构的碳氢化合物，具有高度离域的π电子，很稳定，符合休克尔规则，即“一个单环化合物只要具有平面离域体系，它的π电子数符合 $4n+2$（$n=0$，1，2，3，…，n 为整数）时，就具有芳香性”，但当 $n>7$ 时存在例外的情况，且对于存在多环的稠环芳烃化合物不适用。芳烃的性质极其稳定，其在生物有机质地质活动中转化生成的量一般小于饱和烃，其热稳定性高于烷烃，这些性质决定了芳烃能稳定地存在于各类地质样品中。

芳烃根据分子中是否含有苯环以及苯环的数量可以分为以下几类：

① 单环芳烃　只含一个苯环的芳烃，是苯及苯的同系物，如甲苯、间二甲苯等。

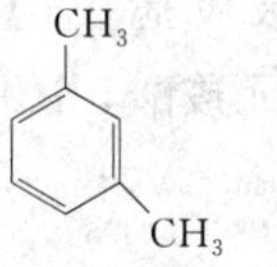

间二甲苯

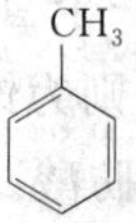

甲苯

② 多环芳烃　含有两个及两个以上苯环，且在两个苯环之间通过共用相邻的两个碳原子结合而成的芳烃，如菲、萘、蒽等。

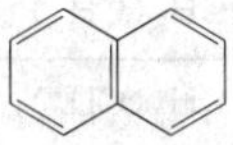
萘

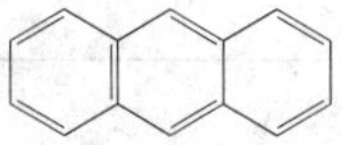
蒽

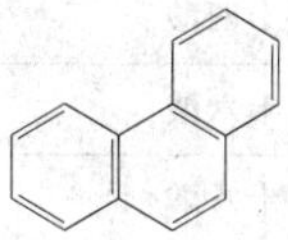
菲

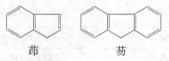

③ 含环烷的芳烃　分子中不仅含有苯环还有一个或多个饱和或不饱和的环烷结构的芳烃，如茚、芴等。

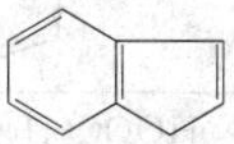
茚

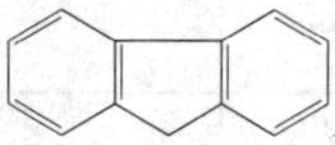
芴

绝大部分芳烃中含有苯环，称为苯系芳烃，地质体中主要存在并且被研究的就是苯系芳烃。

地质体中的芳烃主要来自于有机化合物，高等植物的木质素、脂肪酸、色素、植物胶等都可能是芳烃的前体物质。有机物质在地质运动中受温度、压力、催化剂、微生物等作用，可发生热裂解、催化裂解、异构化、氢化等反应，形成地质体中的芳烃。

苯系芳烃广泛存在于各种地质体中，如煤、石油、煤焦油、炭黑、土壤、现代沉积物等。芳烃大量存在于石油和煤中，在现代沉积物中，低分子量的芳烃含量较少，而多环芳烃及其烷基取代物分布很广泛，大气中的多环芳烃多来自工业生产的排出物、微生物等。

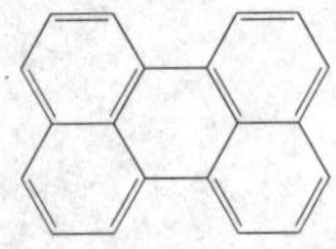

苝

苝是一种稠环芳烃，是成岩过程中的色素转化产物，在还原环境下由色素如红芽色素转化产生，而在转化过程中会生成如4,9-二羟苝-3,10-醌等醌色素，这些醌色素比苝更易被氧化，故想要生成苝要在快速堆积的沉积环境中。

苝广泛存在于沉积物和一亿年以内的沉积岩中，苝主要存在于陆源快速堆积还原环境的沉积物中，但在远洋沉积物中也发现了苝，这进一步说明苝是一个具有普遍性的、指示沉积环境的重要指标。

单芳香化甾烷是甾族化合物和三萜类生物标志物的单芳香化产物，一般在地质样品中，单独的甾族化合物和三萜类生物标志物都不如其单芳香化产物稳定，且芳香化程度越高，烃类运移的活动性越低，故在做关于原油运移等方面的研究时，芳烃化合物可以作为一项烃类生物标志物的补充。

1.3.2 脂肪酸

脂肪酸是烃（脂肪烃）中的一个氢原子被羧基（—COOH）取代后生成的一元羧酸，通式为RCOOH，R若为饱和烃基则为饱和一元羧酸，R中若含不饱和键则为不饱和一元羧酸。表1-3列举了油脂中重要的脂肪酸。

表1-3 油脂中重要的脂肪酸

类别	俗名	系统名称	结构式
饱和脂肪酸	月桂酸	十二酸	$CH_3(CH_2)_{10}COOH$
	豆蔻酸	十四酸	$CH_3(CH_2)_{12}COOH$
	软脂酸(棕榈酸)	十六酸	$CH_3(CH_2)_{14}COOH$
	硬脂酸	十八酸	$CH_3(CH_2)_{16}COOH$
	花生酸	二十酸	$CH_3(CH_2)_{18}COOH$
	—	二十四酸	$CH_3(CH_2)_{22}COOH$
不饱和脂肪酸	大风子酸	—	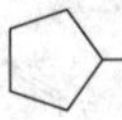—$(CH_2)_{12}COOH$
	鳖酸	十六碳烯-9-酸	$HOOC(H_2C)_7HC{=}CH(CH_2)_5CH_3$
	油酸	十八碳烯-9-酸	$HOOC(H_2C)_7HC{=}CH(CH_2)_7CH_3$
	亚油酸	十八碳二烯-9,12-酸	$CH_3(CH_2)_4CH{=}CHCH_2CH{=}CH(CH_2)_7COOH$
	亚麻酸	十八碳三烯-9,12,15-酸	$CH_3CH_2CH{=}CHCH_2CH{=}CHCH_2CH{=}CH(CH_2)_7COOH$
	桐油酸	十八碳三烯-9,11,13-酸	$CH_3(CH_2)_3(CH{=}CH)_3(CH_2)_7COOH$
	蓖麻醇酸	12-羟基十八碳烯-9-酸	$CH_3(CH_2)_5CH(OH)CH_2CH{=}CH(CH_2)_7COOH$
	花生四烯酸	二十碳四烯-5,8,11,14-酸	$CH_3(CH_2)_4CH{=}CHCH_2CH{=}CHCH_2CH{=}CHCH_2CH{=}CH(CH_2)_3COOH$

由于脂肪酸易在氧化条件下被氧化成羟基酸（不饱和脂肪酸更易被氧化），并分解成醛、

酮和挥发性低级酸，故在脂肪酸组成中最常用的指标有酸价（代表游离脂肪酸的含量）、皂化值（表示油脂中脂肪酸分子量的大小，即脂肪酸碳原子的多少，为酸值和酯值之和，皂化值越大代表脂肪酸分子量越小，越亲水，越失去油的特性）、酯化度（羧基酯化的程度）和碘值（表示不饱和度的一种指标）。

脂肪酸广泛分布于自然界中，在生物体内、土壤、褐煤、烟煤、原油、现代海洋/陆地沉积物、水体、陨石、地层卤水中均有发现。对于生物体中的脂肪酸从 C_4 到 C_{36} 不等，以 C_{14}、C_{16}、C_{18} 最为丰富，一般生物中的高分子量脂肪酸具有偶奇优势，动物脂肪以饱和脂肪酸为主（软脂酸、硬脂酸、豆蔻酸、月桂酸以及一些偶数碳原子的低级脂肪酸等），植物脂肪中不饱和脂肪酸的含量高于动物脂肪（如油酸等）。

现代沉积物中的脂肪酸含量低，与生物体中的正脂肪酸具有相同的偶奇优势，分布从 C_{10} 到 C_{34}，以 C_{16} 最为丰富。

古代沉积物中正脂肪酸的分布特征不同于生物体和现代沉积物，其中正脂肪酸的分布集中在 C_{16}～C_{22} 范围内，而随着埋藏深度跟年代的增加，其偶奇优势逐渐消失，CPI_A 的值（即脂肪酸中偶碳原子数酸与奇碳原子数酸的比值）趋近于1，而油田水中的含量及分布特征与之相似。

在地质样品中，正脂肪酸的分布和含量是重要的地球化学指标。

① 在原油和油田水中，脂肪酸的 CPI_A 值接近1，而生油岩的脂肪酸分布规律也应与其相似，故脂肪酸的 CPI_A 值可以作为识别生油岩的指标之一。也有学者（Svez，1972）发现油藏附近脂肪酸丰度较高，而气藏附近没有或仅有少量的脂肪酸。

② 脂肪酸在海相和陆相成油母质中的分布有所不同，陆相原油中 C_{20}、C_{22}、C_{24} 脂肪酸的含量比海相原油多，因为陆相原油中含有大量长链饱和脂肪酸的植物蜡，而海相沉积物中主要以浮游生物为主，故 C_{16} 最为丰富。

③ 脂肪酸可以被干酪根大量结合，有观点认为石油是干酪根热降解生成的；而目前也有很多研究者认为，原油中的烃类可能是由脂肪酸转化而来；另根据 Rodionova 等人 1971 年的研究认为，异十八烷和 C_{15}～C_{18} 的类异戊二烯烃是由不饱和脂肪酸转化而来，为原油中类异戊二烯烃成因的研究也提供了方向和证据；故脂肪酸的研究是探明石油成因的一个重要的研究方向。

1.3.3 氨基酸

氨基酸是一类稳定性较高的化合物，从前寒武纪到现代的沉积物中都有氨基酸存在，氨基酸均为无色晶体，但各具有不同的特征晶型，晶型可以作为区分氨基酸种类的方式。大多数氨基酸熔点在200～300℃之间，都溶于水，大多难溶于乙醇，都不溶于苯、醚等有机溶剂。

地质体中的氨基酸是蛋白质分解后的残留物，由蛋白质水解得到的氨基酸常见的有20种（见表1-4），它们都是 α-氨基酸（羧酸中 α 碳原子即直接与羧基相连的碳原子上的氢被氨基取代得到的氨基酸），它们的通式为

表 1-4 从蛋白质水解液中分离出来的 α-氨基酸（据 Hare，P. E.，1969）

基团	名称	分子式
中性基团	甘氨酸	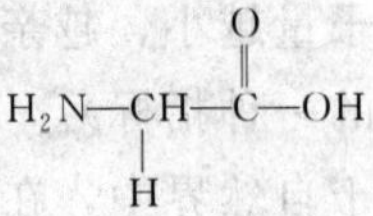
	丙氨酸	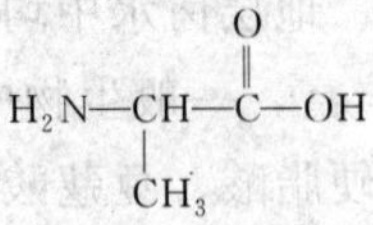
	缬氨酸	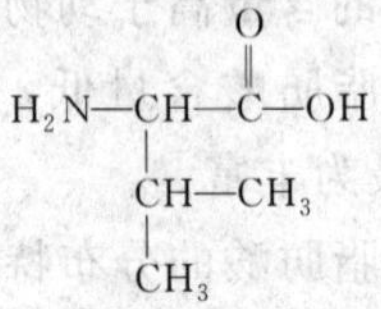
	异亮氨酸	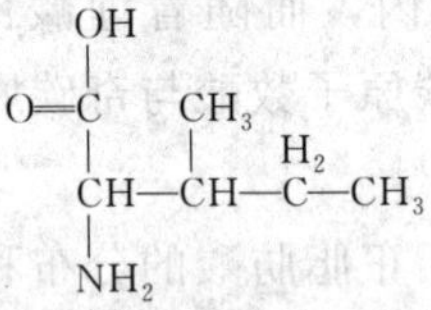
	亮氨酸	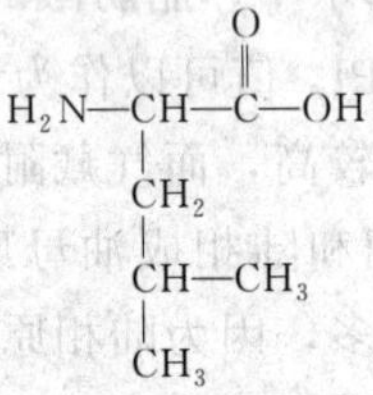
亚氨基	羟基脯氨酸	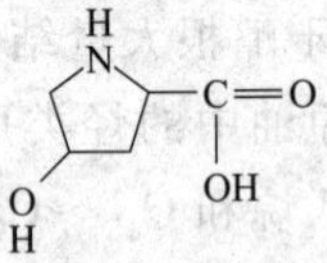
	脯氨酸	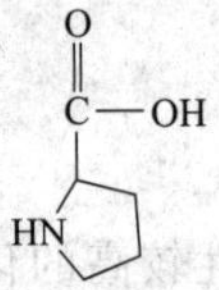
羟基	丝氨酸	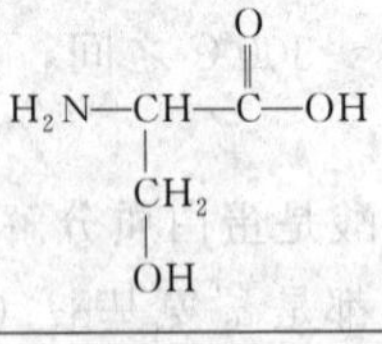
	苏氨酸	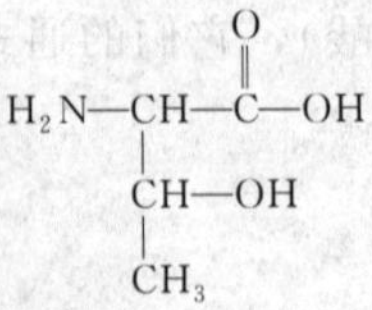

续表

基团	名称	分子式
酸性基团	天冬氨酸	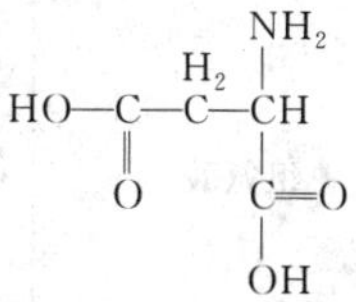
	谷氨酸	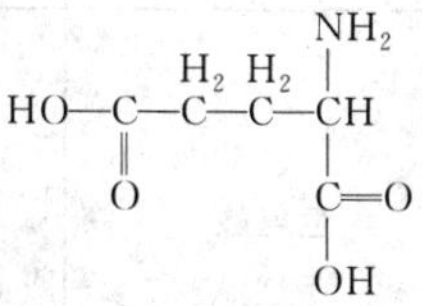
硫原子	胱氨酸	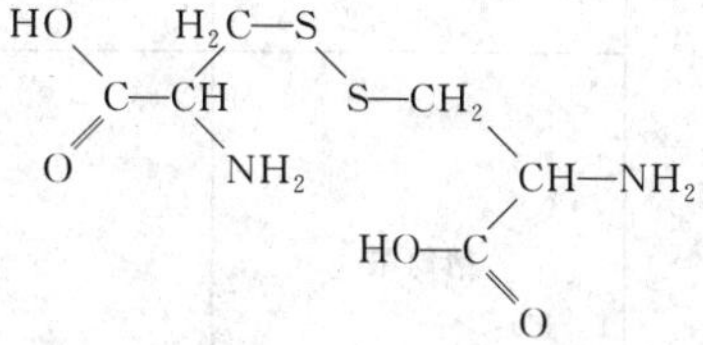
	甲硫氨酸	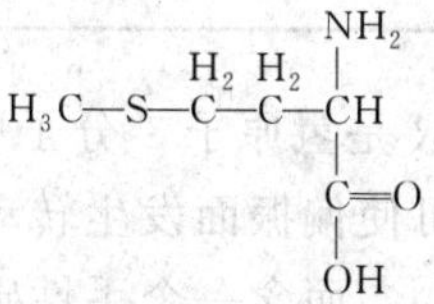
芳香基团	酪氨酸	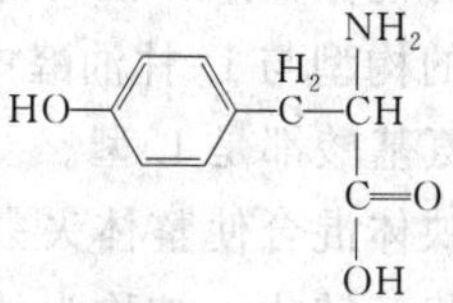
	苯丙氨酸	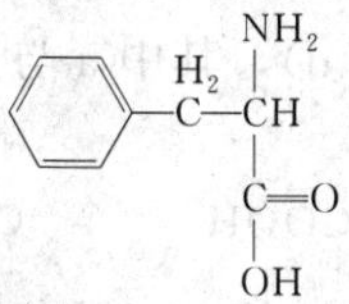
碱性基团	羟基赖氨酸	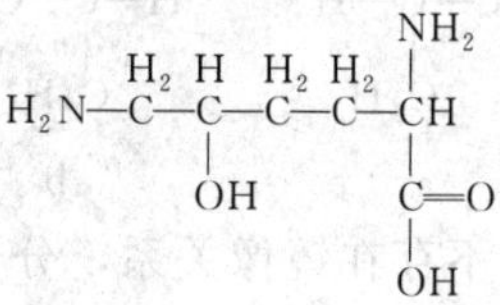
	赖氨酸	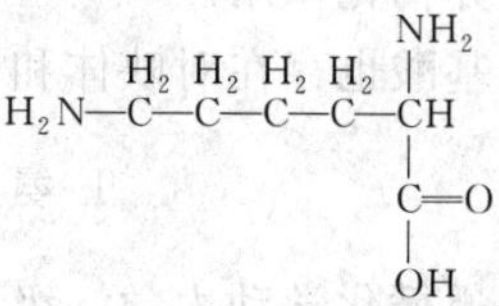

续表

基团	名称	分子式
碱性基团	组氨酸	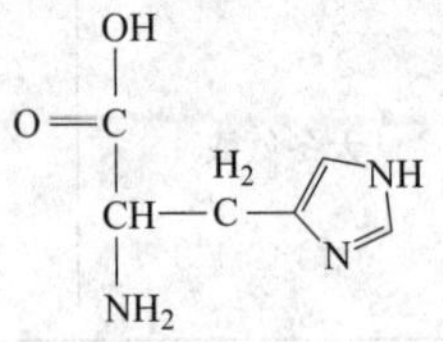
	色氨酸	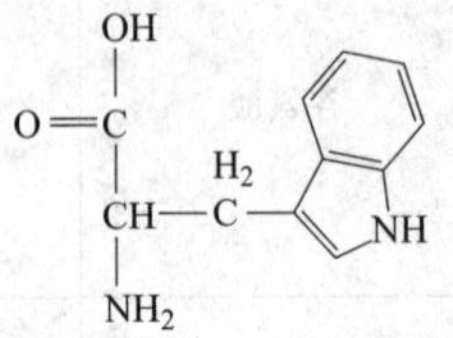
	精氨酸	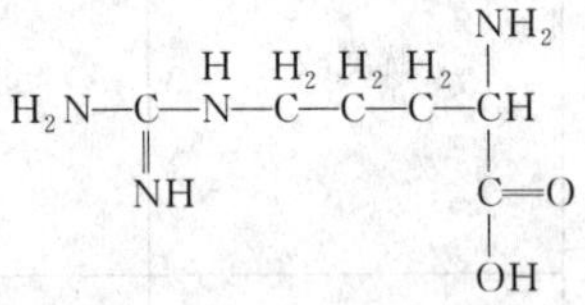

除了甘氨酸的 R 是氢原子，分子中无手性碳原子之外，其他 α-氨基酸都含有手性碳原子，具有旋光性［可使偏振面发生转动，向顺时针旋转的称为右旋体（+），向逆时针旋转的称为左旋体（−）］，而含一个手性碳原子的氨基酸其原子排列有两种方式，称为一对对映体（两分子排布互为镜像关系，但无论如何旋转也无法重合，对映体属于旋光异构体）。定义分子中 α 碳原子的构型与 L-甘油醛中手性碳原子构型一致的氨基酸为 L 型，其对映体为 D 型。天然的蛋白氨基酸都是 L 型。

等量的一对对映体混合使整体失去旋光性，这种混合物被称作外消旋体，而 L 构型与 D 构型之间会缓慢地相互转化，被称为外消旋作用。

对于异亮氨酸、苏氨酸等拥有两个手性碳原子的 α-氨基酸，其拥有两对对映体（以异亮氨酸为例 a、b、c、d），其中 a 与 b，c 与 d 分别互为对映体，而 a 与 c、d，b 与 c、d 为非对映体。

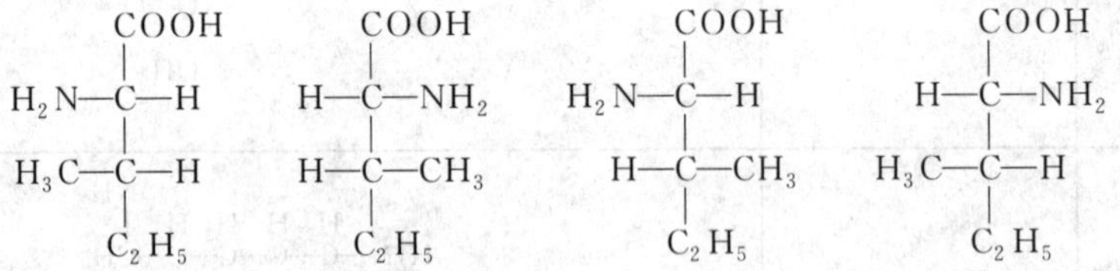

a　b　c　d

非对映体之间不存在镜像关系，分子的旋光度不同，具有不同的物理性质。非对映体之间的转化称为差向异构化作用。

地质体中的氨基酸也存在对映体和非对映体，并且能够相互转化。

$$\text{L-氨基酸} \underset{K_D}{\overset{K_L}{\rightleftharpoons}} \text{D-氨基酸}$$

理论上其速率遵循化学动力学一级可逆反应方程：

$$\frac{-\mathrm{d}[\mathrm{L}]}{\mathrm{d}t}=K_{\mathrm{L}}[\mathrm{L}]-K_{\mathrm{D}}[\mathrm{D}]$$

式中，[L]、[D] 分别代表 L 构型氨基酸和 D 构型氨基酸的浓度。

在地质体中，氨基酸的互变反应（包括外消旋作用和差向异构化作用）的速率和程度（化学平衡）受到复杂的地质环境及地质运动中的各种因素影响，并不都遵循一级反应的相关规律，在某些特定条件下对某些氨基酸才适用。

氨基酸的化学性质具有两性（羧基—COOH 具有酸性，氨基—NH_2 具有碱性），与酸或碱反应都能成盐，有的氨基酸则可以形成内盐。

氨基酸普遍存在于各类地质体和地质样品中，土壤、沉积物（包括沉积岩）、泥炭和煤、化石、陨石、水体和大气中都含有氨基酸。地质体中存在的氨基酸主要是由生物蛋白质在地质活动中分解为多肽后进一步分解得到。游离态的氨基酸被吸附保存在沉积物中，在漫长的地质过程中发生转化（外消旋作用、分解生成更稳定的酸、胺或氨等）。

组成生物体蛋白质的氨基酸均为 L 型氨基酸，在生物体死亡后，随着沉积和成岩作用，L 型氨基酸会发生外消旋作用而逐渐生成 D 型氨基酸，最后生成外消旋体（L 型与 D 型相等数量的混合物）。在地质体特别是海相沉积物中的有孔虫和骨化石中（不易受到其他氨基酸污染，环境相对稳定），氨基酸的 D/L 值与沉积物年代、所在环境的平均温度、海相沉积的深度均有关系，故可利用样品中氨基酸的 D/L 值来进行沉积年代、古地温、沉积速度等方面的测定。

氨基酸的分离过程中多用到离子交换、色谱分离、脱盐等方式，检测总量时最多的是采用茚三酮络合分光光度法进行定性、定量的检测，对于个别氨基酸多使用气/液相色谱法、纸色谱/薄层色谱、紫外光谱等方法检测。

1.3.4 卟啉化合物

卟啉化合物是生命起源的证据之一，是最早被鉴定出来的一类生物标志物，以金属络合物的形式（钒卟啉、镍卟啉、铁卟啉、钴卟啉等，还易与 Zn、Pb、Cr、Al、Na、K、Mg、Ca 等金属的离子络合）广泛存在于原油、沥青、煤、沉积岩以及其他地质体中。

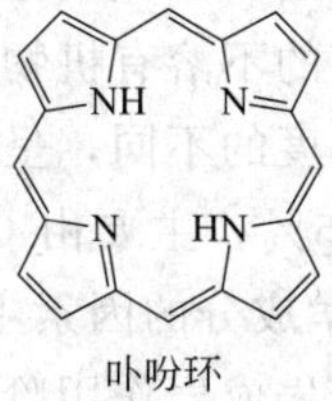

卟吩环

卟啉化合物的结构特点是都含有四个吡咯环的 α 碳原子与四个次甲基交替连接而成的复杂共轭体系，即卟吩环。

卟啉化合物都带有颜色，常见的动植物色素，如含镁原子的叶绿素 a、含铁原子的血红素等都是以卟吩环为基本骨架通过加成、络合金属离子等方式衍生而成。

卟啉化合物的结构十分稳定，也决定了它在地质体中广泛分布的特征。

石油中的卟啉化合物种类很少，一般认为其来自于生物色素在地质过程中的转化和分解。在原油运移的过程中，卟啉化合物会被黏土类矿物吸附，造成随运移距离增加卟啉含量逐渐减少的现象，可以用作追踪原油运移方向的一项根据。

卟啉的生成环境要求缺氧、还原条件，这与成油过程是一致的，故原油中存在的卟啉必然是从它的生油岩中带出来的，又根据卟啉可以追踪原油运移，可以利用卟啉浓度梯度方向寻找生油岩和生油层，也可以利用卟啉的浓度判断沉积环境。

镍卟啉和钒卟啉是卟啉化合物中很重要的两种，这两种物质在地质体中的含量与岩石年龄、沉积环境（海陆相、不同种类的沉积物中其含量皆不同）等有关，是重要的地质研究指标。

卟啉化合物的分离富集多采用柱色谱、薄层色谱、凝胶渗透色谱法，近年来有学者利用加速溶剂萃取来提取卟啉化合物，也有一些学者在超临界流体萃取卟啉的理论模拟上进行了研究。在检测时根据测试要求利用原子吸收光谱、红外光谱、核磁共振、质谱等方式进行检测。

1.3.5 腐殖酸及干酪根

腐殖酸和干酪根都是在地质过程和自然条件下形成的成分多样、结构复杂的聚合有机质，在地质学研究上有很重要的地位，二者都是沉积物中有机质演化过程中不同阶段的产物，与煤、石油、油页岩、页岩气、沉积金属矿床等的形成有密切的成因关系，是地质学研究中重要的指标。

腐殖质是动物体经过腐解生成的一种暗色有机物质，腐殖酸是腐殖质能溶于碱溶液的部分，其主要由 C、H、O、N 元素组成，还含有少量的 P、S 等元素。腐殖酸最主要由富里酸和胡敏酸组成，采用不同的溶剂可将腐殖酸分离，得到目标物质。腐殖酸的化学成分、分子量等随沉积环境、有机母质类型、聚合程度等变化而变化。

由于腐殖酸结构复杂，影响其结构的因素较多，目前对于腐殖酸的结构和分子量没有统一的意见，经过多种方法研究证实，它存在着一些结构单体，由核、桥键和官能团组成。核为简单的碳环或者杂环、稠环。桥键最普遍的是—O—和—CH_2—。官能团主要有羧基、羟基、羰基等。同时，腐殖酸的来源不同、制备方法和测试方法不同，其分子量的测试结果相差很大。腐殖酸的物理化学性质主要有酸性、亲水性和胶体性质。对于腐殖酸的分离即使用碱将其从腐殖质中溶出（或加碱后再在沉淀中加无水乙醇等进一步分离），对于腐殖酸本身的分析多使用元素分析、红外光谱、极谱、核磁共振、X 射线衍射等方式。

干酪根是存在于沉积岩和沉积物中的不溶有机物。从岩石中分离出来的干酪根，一般都是很细的柔软的无定形粉末，随着成熟度的不同，呈现黄、橙、灰褐到黑色。在沉积岩中分布相当普遍，约占地质体中有机质的 95%，主要由 C、H、O 元素组成，并含有少量的 N、S、P 和其他金属元素。影响干酪根化学成分的因素主要是：原始沉积环境、有机母质类型、成岩作用。干酪根的反射率是确定沉积岩成岩作用阶段、判断生油岩成熟度以及研究热变历史等的有效指标。通常，干酪根是由壳质组分、镜质组分、惰性组分和无定形基质四种有机颗粒组成。

目前干酪根的结构还处在观察和研究推理的阶段，并没有一个明确的结构。现在已提出的干酪根结构模型都反映干酪根是一种具有网状交联三维结构的复杂有机聚合物。基本结构大致是由核、桥键、官能团三部分组成，结构间隙里可能存在各种类型的游离分子。

对于干酪根的分离多使用物理方法，即奎斯法和浮沉法（过程类似浮选），由于干酪根的组成相当复杂，使用化学试剂处理时对各类有机官能团有所影响，故在前处理时尽量使用物理方法。干酪根的检测方法主要有热重分析、有机差热、热解色谱、核磁共振等。

1.4 地质样品有机分析质量控制与质量保证

地质实验室的基本任务是：为地质调查和地质勘查工作提供测试数据，为矿床评价和矿产资源开发利用提供实验测试研究结果，为地质调查工作的延伸——农业地质调查和生态环境地质调查及评价提供实验室研究结果及评价依据，进而为其转化为现实的生产力提供有效的途径，为工农业生产建设、生态环境的保护治理以及地质找矿工作提供决策依据。因此，加强测试工作质量管理及质量控制，具有极其重要的意义。特别是国家把量值纳入法制管理轨道，这使得实验室及有关人员还需承担法律责任。因此，对实验室测试工作的质量，必须实施严格的质量控制。实验室的质量控制涉及测试工作的全过程，测试工作的每一个环节都对测试质量产生影响，必须对测试过程中影响测试质量的因素进行严密监控，通过监控测试全过程，预见可能出现的问题，及时发现并纠正已经出现的问题，力图避免发生测试工作不符合质量要求的情况。实验室质量控制的目的如下：

① 考察测试工作的全过程是否处于受控状态，质量保证体系是否有效覆盖，运行是否有效，发出的测试报告是否准确，是否满足有关法规、规程、规范及用户要求。

② 了解测试工作中发生的各种与质量相关的变化及其发展趋势，及时发现异常情况，分析原因并采取必要的措施加以控制。

③ 评估测试人员的工作效果和测试技术水平，促使其不断提高测试工作技术水平。

④ 确保报出的样品分析数据有很好的准确度与精密度，将分析数据的误差和偏差控制在容忍允许限之内，使准确度和精密度符合规定的质量要求，达到可被用户接受和利用的程度。

（1）现场质量控制样

现场质量控制样指示采样过程中的变化因素和引入的污染，主要包括现场空白、运输空白、现场平行样、考核样等。现场质量控制样随实际样品送至实验室时，不为分析人员所知。现场采样人员根据情况和数据使用者的需要，决定是否采集现场质量控制样；根据样品数量、采样频次和数据的最终用途，决定现场质量控制样的采集类型和频次。对于痕量分析，本底对测定结果的灵敏度和准确性起关键作用。美国 EPA 方法要求分析的各种空白包括以下几项：

① 现场空白（无目标待测物加入，基体与实际样品相同） 在现场采样时产生，解释来自于采样至分析过程（如现场条件、容器、保存剂、运输、贮存、样品预处理、测试等环节）的污染情况。

② 运输空白（空白样品在现场或实验室准备好，随实际样品一起运输，在旅途中密封） 在现场采样时产生，评价来自于容器、保存剂、运输、贮存、样品预处理、测试等过程的污染情况。

③ 方法空白（除目标待测物外，其余试剂均存在的相同基体样品，用于检测实验室是否有污染） 在实验室预处理和分析时产生，评价样品预处理和测试体系的污染情况。

④ 试剂空白（样品预处理和测试时使用试剂造成的空白） 在实验室预处理和分析时产生，检查来自于样品预处理时使用的特定试剂的污染情况。

⑤ 仪器空白（在测试过程中获得） 在分析过程中产生，了解来自测试体系的污染情况。

并非每批样品都需测定所有的空白，只有当怀疑某环节可能会出现问题或项目有要求时，才有针对性地选择测定相应的空白。

各种空白样品中每种干扰物的浓度要求有所不同，有的不能高于目标化合物的方法检出限，有的不得高于该物质控制浓度的5%，或不得高于样品中该化合物检出浓度的5%。

(2) 内标法定量

美国固体废弃物监测分析测试方法 SW-846 中的色谱/质谱方法（GC/MS），多推荐用内标法定量，用于校正分析测试过程中的变化因素（如进样量、温度漂移等）。内标物的性质在分析测试系统中与目标待测化合物相似，但在样品中不存在。推荐的内标物常为溴代物、氟代物、稳定的同位素标记物，或在自然界中存在可能性极小的物质。例如，挥发性有机物（VOC）的内标物有溴氯甲烷、1,4-二氟苯、氯苯-d5；半挥发性有机物（SVOC）的内标物有1,4-二氯苯-d4、苝-d12、萘-d8、蒽-d10、菲-d10、屈-d12。要保证所选用内标物的测定不受目标化合物、替代物或基体干扰物的影响，在GC/MS上较容易实现，因为质谱可实现色谱上共流出物的分离。而在单纯的气相色谱法和液相色谱法中，添加内标物会增加色谱的分离负担，所以内标校正应用并不普遍。内标物在上机测试前、样品预处理后加入样品、校正标准和质控样品中，在各种样品中内标物的浓度相同。在测定标准曲线或样品前，应先检查仪器响应，确保仪器在可接受的灵敏度水平。通过比较内标物现有响应值与历史响应值的方法检查仪器响应，只有当响应值在可接受的范围内时，才能继续分析工作。

在样品测试时，还应进行测试体系的初始校正（ICL）和继续校正（CCV）。ICL检查各组分的色谱行为（若用质谱检测器，还应检查质谱灵敏度），分析校正溶液，用内标物计算每个浓度水平的校正溶液中各组分及替代物的响应因子（RF），RF的相对标准偏差应在一定的范围内。当分析时间超过24h，或分析样品超过一定数量时，应进行体系的继续校正。CCV中对各组分及替代物的响应因子又有相关的规定，只有当CCV满足规定要求后，才能证明样品分析一直处于有效的质控状态下，数据可靠。

(3) 替代物、内标物及目标化合物评估

替代物是样品中不存在、性质在样品预处理和分析过程中与目标组分相似的物质。替代物在样品预处理前定量加入样品中，随样品走完预处理和仪器分析的全过程。由于替代物不存在于样品中，可以认为替代物的损失或沾污的程度，即回收率，能够准确测量。又由于替代物和目标物的物理化学性质相似，在预处理过程中两者的损失或沾污的程度是一致的。因此，未知目标物在预处理过程中的回收率，可由已知的替代物的回收率来衡量。鉴于对替代物的要求，商品的替代物通常是目标物的同位素化合物。例如，测定多环芳烃时，可选用萘、二氢苊、菲、屈等的氘代化合物。它们的物理化学性质与待测的目标物极其相似，萃取过程中的损失或沾污是一致的。经过气相色谱柱的分离后，氘代多环芳烃可以与待测的多环芳烃部分分离。接在色谱后的质谱检测器，可把这些质量数不同的氘代物检出。由于氘代物在天然环境样品中含量极微，替代物的回收率可视为目标物的回收率。

目标物回收率的计算依靠内标物，内标物与替代物一样，不应在样品中出现，也不应是目标物。但对其物理化学性质的要求不像替代物那么严格，只要与目标物相近，在检测器上能被定量检测就行。例如，在分析多环芳烃时，内标物可以是氘代物，也可以是甲基苯类化合物或硝基苯类化合物。内标物在每个样品预处理后、仪器分析前加入样品中，同处理过的试样一起走完仪器分析的全过程。内标物的作用是计算替代物的回收率，美国EPA标准方法中也用来作定量分析的依据。

（4）基体加标和实验室控制样评价

为检查基体对方法精密度、准确度和检测限的影响，可采取2种方法。一种方法是每测定20个样品，分析1次某样品、该样品的平行样、该样品的基体加标样（matrix spike，MS）；另一种方法是分析某样品、该样品的基体加标样（MS），以及基体加标样的平行样（MSD），即MS/MSD。前一种方法在样品中可能存在目标待测化合物时使用，后一种方法在样品中可能无目标待测化合物时使用。加标物在样品预处理前加入。对吹扫-捕集方法，MS/MSD与样品同时预处理并分析；对萃取方法，MS/MSD与同批样品一起萃取，但不一定与样品一起分析。MS的目的是评价某方法在一定基体中的偏差情况，MS/MSD的目的是评价在一定基体中某分析方法的重现性。

基体加标用的化合物可以是几十种化合物的混合标样，但并非对所有目标化合物的回收率和平行性做评价，只要某些规定化合物的回收率和平行性达到要求即可。除了用MS/MSD评价基体干扰外，每批分析样还要用实验室控制样（laboratory control sample，LCS）评价分析方法的可行性。LCS的基体与待测样品相似，其质量或体积也一样，加标物的种类和浓度与MS一致，可以是有证标样。当MS的结果表明样品可能存在基体干扰时，LCS的结果可用来证明实验室在干净基体中成功完成分析工作。MS/MSD和LCS在与原始样品相同的测试条件下分析。

在美国，即使EPA方法提供了MS和LCS的评价标准，还是鼓励各实验室通过质控图或其他技术，建立自己的各种基体的MS和LCS评价标准。许多方法对LCS未规定控制范围，可使用70%～130%的普适标准，直至逐渐建立更合理的LCS标准。一般LCS的标准应该满足MS的标准要求，因为LCS在干净的基体中制得。

（5）方法检出限

方法检出限（method detect limit，MDL）定义为99%置信度下某基体中能检出的化合物的最小浓度。在实际操作中，对含目标化合物的低浓度（该浓度值是估计检出限的3～5倍，从仪器信噪比的2.5～5.0倍相对应的浓度值中选取检出限的估算值）样品进行至少3次平行测定，测定结果的标准偏差与单边检验99%置信度下的t值之乘积即为方法检出限。t值与测定次数的对应关系列于表1-5。

表1-5　t值与测定次数的对应关系表

样品测定次数	3	4	5	6	7	8	9	10
t值	6.96	4.54	3.75	3.36	3.14	3.00	2.90	2.82

第 2 章　地质样品有机分析样品采集与制备

2.1　气态有机分析样品采集方法

2.1.1　直接采样法

直接采样法（direct sampling method）是一种将空气样品直接采集在合适的空气收集器（air collector）内，再带回实验室分析的采样方法。该法主要适用于采集气体和蒸气状态的检测物，适用于空气检测物浓度较高、分析方法灵敏度较高、不适宜使用动力采样的现场，采样后应尽快分析。用直接采样法所得的测定结果代表空气中有害物质的瞬间或短时间内的平均浓度。

根据所用收集器和操作方法的不同，直接采样法又可分为注射器采样法、塑料袋采样法、置换采样法和真空采样法。

① 注射器采样法（syringe sampling method）　这种方法用 50mL 或 100mL 医用气密型注射器作为收集器。在采样现场，先抽取空气将注射器清洗 3～5 次，再采集现场空气，然后将进气端密闭。在运输过程中，应将进气端朝下，注射器活塞在上方，保持近垂直位置。利用注射器活塞本身的重量，使注射器内的空气样品处于正压状态，以防外界空气渗入注射器，影响空气样品的浓度或使其被污染。用气相色谱分析的项目常用注射器采样法采样。

② 塑料袋采样法（sampling method using plastic bag）　这种方法用塑料袋作为采样容器。塑料袋既不吸附空气检测物，不解吸空气检测物，也不与所采集的空气检测物发生化学反应。在采样现场，用大注射器或抽气筒将现场空气注入塑料袋内，清洗塑料袋数次后，排尽残余空气，重复 3～5 次，再注入现场空气，密封袋口，带回实验室分析。通常使用 50～1000mL 铝箔复合塑料袋、聚乙烯袋、聚氯乙烯袋、聚四氟乙烯袋和聚酯树脂袋等采气袋。使用前应检查采气袋的气密性，并对待测物在塑料采气袋中的稳定性进行试验。所用的采气袋应具有使用方便的采气和取气装置，而且能反复多次使用，其死体积不应大于其总体积的 5%。

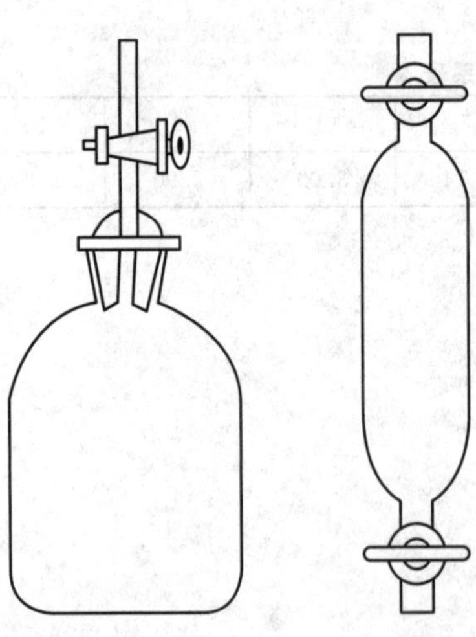

图 2-1　玻璃集气瓶

（a）真空采气瓶；（b）真空采气管

③ 置换采样法（substitution sampling method）　置换采样法以集气瓶（图 2-1）为采样容器。在采样点，将采气动力或 100mL 大注射器与采样容器连接（图 2-2），打开采样容器的活塞，抽取采气管容积 6～10 倍的现场空气，将管内空气完全置换后，再采集现场空气样品，密闭，带回。

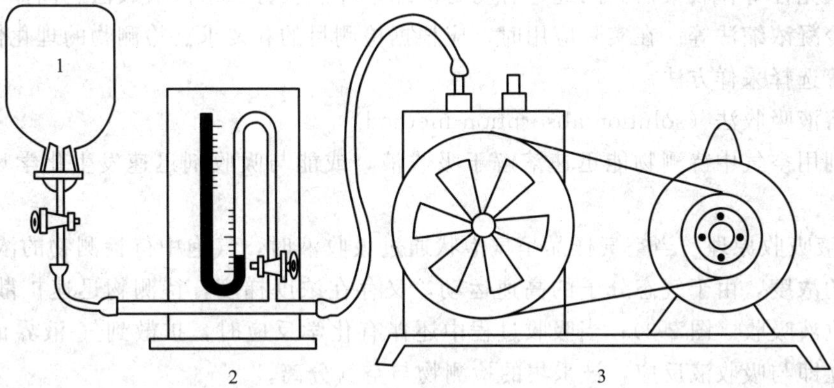

图 2-2 真空采样装置

1—集气瓶；2—闭口压力计；3—真空泵

④ 真空采样法（vacuum sampling method） 采样容器为耐压玻璃或不锈钢制成的真空集气瓶（500～1000mL）（图 2-1）。采样前，先用真空泵将采样容器抽真空（见图 2-2），使瓶内剩余压力小于133Pa，在采样点将活塞慢慢打开，待现场空气充满集气瓶后，关闭活塞，带回实验室尽快分析。采样体积为：

$$V_s = V_b \times \frac{P_1 - P_2}{P_1} \tag{2-1}$$

式中，V_s 为实际采样体积，mL；V_b 为集气瓶容积，mL；P_1 为采样点采样时的大气压力，kPa；P_2 为集气瓶内的剩余压力，kPa。

抽真空时，应将集气瓶放于厚布袋中，以防集气瓶炸裂伤人。为防止漏气，活塞应涂渍耐真空油脂。

直接采样法的优点是方法简便，可在有爆炸危险的现场使用。但要特别注意防止收集容器器壁的吸附和解吸现象。收集器内壁的吸附作用可使待测组分浓度降低，例如，用塑料袋采集二氧化硫、氧化氮、苯系物、苯胺等样品时，为了防止器壁吸附待测物，应该选用聚四氟乙烯塑料收集器。有些收集器的内壁吸附待测物后又会解吸，释放待测物，使待测组分浓度增加。因此，用直接采样法采集的空气样品应该尽快测定，减少收集器内壁的吸附、解吸作用。

2.1.2 浓缩采样法

浓缩采样法（concentrated sampling method）是指大量的空气样品通过空气收集器时，其中的待测物被吸收、吸附或阻留，将低浓度的待测物富集在收集器内。空气中待测物浓度较低，或分析方法的灵敏度较低时，不能用直接采样法，需对空气样品进行富集浓缩，以满足分析方法的要求。浓缩采样法所采集空气样品的测定结果代表采样期间内待测物的平均浓度。

浓缩采样法分为有动力浓缩采样法和无动力（无泵）采样法。

2.1.2.1 有动力浓缩采样法

这种采样方法以抽气泵为动力，将空气样品中的气态检测物采集在收集器的吸收介质中。以液体为吸收介质时，可用吸收管作收集器；以颗粒状或多孔状的固体物质为吸附介质时，可用填充柱等作收集器。因此，有动力浓缩采样法又分为溶液吸收法、固体填充柱采样法、低温冷凝浓缩法等。在实际应用时，应根据检测目的和要求、检测物的理化性质和所用分析方法等选择采样方法。

（1）溶液吸收法（solution absorption method）

该法利用空气中待测物能迅速溶解于吸收液，或能与吸收剂迅速发生化学反应而采集样品。

① 溶液吸收原理　当空气样品呈气泡状通过吸收液时，气泡中待检测物的浓度高于气-液界面上的浓度，由于气态分子的高速运动，又存在浓度梯度，待测物迅速扩散到气-液界面，被吸收液吸收（图 2-3）；当吸收过程中还伴有化学反应时，扩散到气-液界面上的待测气态分子立即与吸收液反应，被采集的检测物与空气分离。

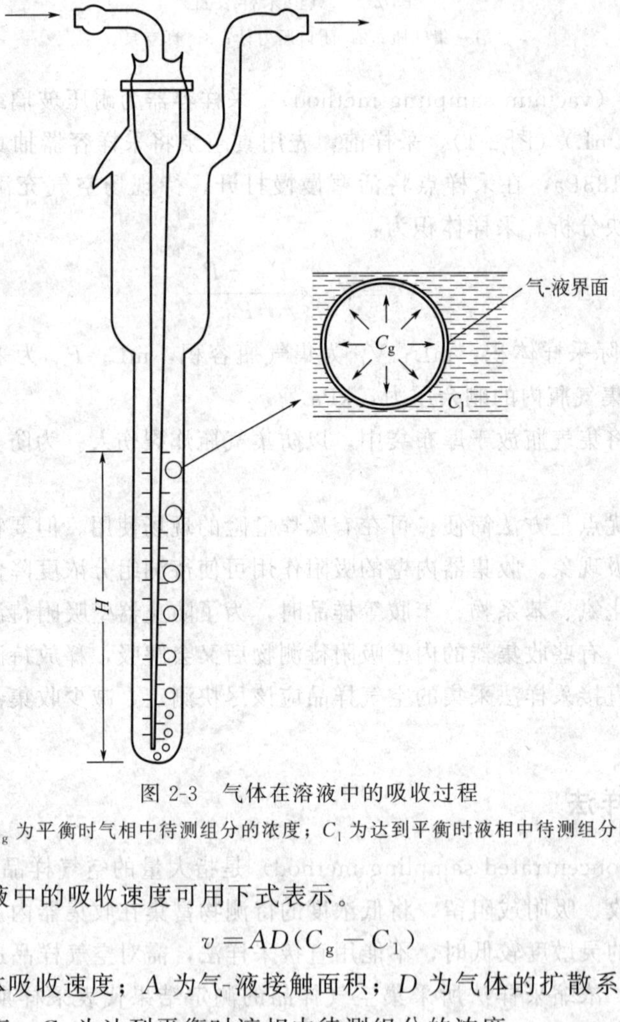

图 2-3　气体在溶液中的吸收过程

（图中 C_g 为平衡时气相中待测组分的浓度；C_l 为达到平衡时液相中待测组分的浓度）

待测气体在溶液中的吸收速度可用下式表示。

$$v = AD(C_g - C_l) \tag{2-2}$$

式中，v 为气体吸收速度；A 为气-液接触面积；D 为气体的扩散系数；C_g 为平衡时气相中待测组分的浓度；C_l 为达到平衡时液相中待测组分的浓度。

由于扩散到气-液界面的待测气态或蒸气分子与吸收液迅速发生反应，或被吸收液溶解而被吸收，这时可认为 $C_l = 0$。如果不考虑待测物在液相中的扩散，而只受到气泡内气相扩散的影响，则上式可写成：

$$v = ADC_g \tag{2-3}$$

可见，增大气-液接触面积可以提高吸收效率。

空气样品是以气泡状态通过吸收液的，气-液接触的总面积为：

$$A=\frac{6QH}{dV_g} \tag{2-4}$$

式中，Q 为采气流量；H 为吸收管的液体高度；V_g 为气泡通过吸收液的速度；d 为气泡的平均直径。所以，当采气流量一定时，要使气-液接触面积增加，以提高采样效率，应该增加吸收管中液体的高度、减小气泡的直径、降低气泡通过吸收液的速度。

② 吸收液的选择　常用的吸收液有水溶液或有机溶剂等。采集酸性检测物可选用碱性吸收液；采集碱性检测物可选用酸性吸收液；有机蒸气易溶于有机溶剂，可选用加有一定量可与水互溶的有机溶剂作为吸收液。理想的吸收液不仅可以吸收空气中的待测物，同时还可以用作显色液。

实际工作中应根据待测物的理化性质和分析方法选择吸收液。待测物在吸收液中应有较大溶解度，发生化学反应速率快，稳定时间长；吸收液的成分对分析测定无影响；选用的吸收液还应价廉、易得、无毒害作用。

③ 收集器　溶液吸收法常用的收集器主要有气泡吸收管、多孔玻板吸收管和冲击式吸收管。

a. 气泡吸收管（bubbling absorption tube）　气泡吸收管有大型和小型两种（图 2-4）。大型气泡吸收管可盛 5～10mL 吸收液，采样速度一般为 0.5～1.5L/min；小型气泡吸收管可盛 1～3mL 吸收液，采样速度一般为 0.3L/min。气泡吸收管内管出气口的内径为 1mm，距管底距离为 5mm；外管直径上大下小，有利于增加吸收液液柱高度，增加空气与吸收液的接触时间，提高待测物的采样效率；外管上部直径较大，可以避免吸收液随气泡逸出吸收管。

气泡吸收管常用于采集气体和蒸气状态的物质。使用前应进行气密性检查，并做采样效率实验。通常要求单个气泡吸收管的采样效率大于 90%；若单管采样效率低，可将两个气泡吸收管串联采样。采样时气泡吸收管应垂直放置，采样完毕，应该用管内的吸收液洗涤进气管内壁 3 次，再将吸收液倒出分析。

b. 多孔玻板吸收管（fritted glass bubbler）　有直形和 U 形（图 2-5）两种，可盛 5～10mL 吸收液，采样速度 0.1～1.0L/min。采样时，空气流经多孔玻板的微孔进入吸收液，大气泡分散成许多小气泡，增大了气-液接触面积，同时又使气泡的运动速度减小，使采样效率较气泡吸收管明显提高。多孔玻板吸收管通常用单管采样，主要用于采集气体和蒸气状态的物质，也可以采集雾状和颗粒较小的烟状检测物。但颗粒较大的烟、尘容易堵塞多孔玻板的孔隙，不宜用多孔玻板吸收管采集。采样完毕，应该用管内的吸收液洗涤多孔玻板吸收管进气管内壁 3 次，再取出分析。洗涤多孔玻板吸收管时，最好连接在抽气装置上，抽洗多孔玻板，防止孔板堵塞。

c. 冲击式吸收管（impinger）　可分为小型冲击式吸收管和大型冲击式吸收管两种。前者管内装入 5～10mL 吸收液，后者可装 50～100mL 吸收液；采集气溶胶时，空气流量分别为 2.8L/min 和 28L/min。吸收管中进气玻璃管末端的孔径大小、瓶底与管口的距离对管的采样效率有很大影响。

冲击式吸收管主要用于采集大气中的气态或蒸气态污染物，也可用于采集气溶胶状物质。

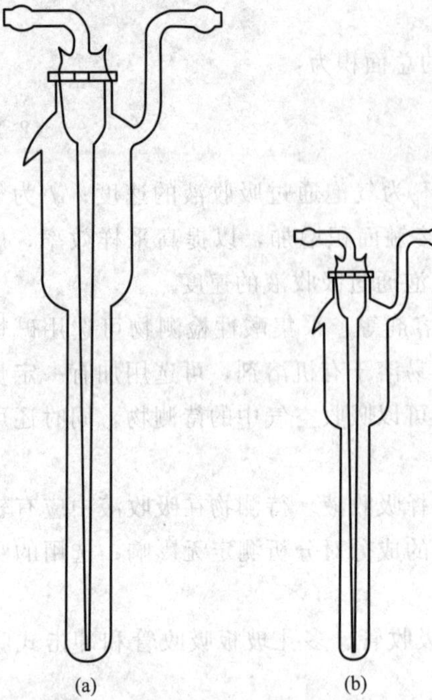

图 2-4 气泡吸收管

(a) 大型气泡吸收管；(b) 小型气泡吸收管

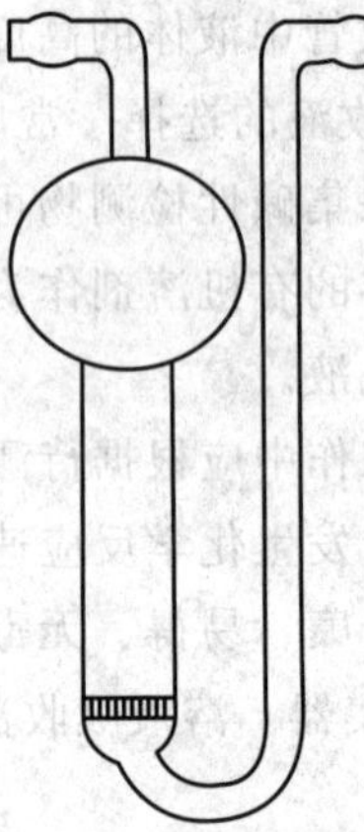

图 2-5 U形多孔玻板吸收管

（2）固体填充柱采样法（solid adsorbent sampling method）

该法利用空气通过装有固体填充剂的小柱时，空气中的有害物质被吸附或阻留在固体填充剂上，从而达到浓缩的目的，采样后，将待测物解吸或洗脱，供测定用。

① 填充剂的采样原理 固体填充剂是一种具有较大比表面积的多孔物质，对空气中多种气态或蒸气态检测物有较强的吸附能力，这种吸附作用通常包括物理吸附和化学吸附，后者是通过分子间亲和力相互作用，吸附能力较强。

理想的固体填充剂应具有良好的机械强度、稳定的理化性质、通气阻力小、采样效率高、易于解吸附、空白值低等性能。颗粒状吸附剂可用于气体、蒸气和气溶胶的采样。应根据采样和分析的需要，选择合适的固体吸附剂。

② 填充柱采样管 图 2-6 是填充了颗粒状固体吸附剂的玻璃管，吸附剂颗粒大小不同时，采样管的采气阻力也不一样。一般低流量采样时吸收效率较高。

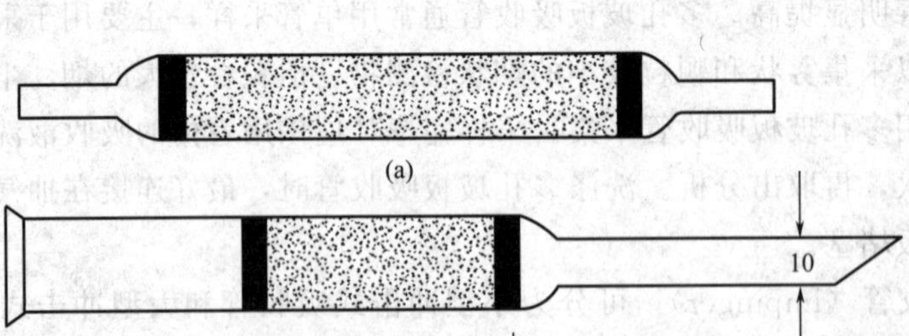

图 2-6 填充柱采样管

(a) 细管；(b) 粗管

③ 最大采气量和穿透容量　在室温、相对湿度80%以上的条件下，用固体填充柱采样管以一定的流量采样，当柱后流出的被采集组分浓度为进入浓度的5%时，固体填充剂所采集被测物的量称为穿透容量，以mg（被测物）/g（固体填充剂）表示；通过填充剂采样管的空气总体积称为穿透体积，也称为该填充柱的最大采样体积，以L表示。

穿透容量和最大采样体积可以表示填充柱对被采集的某组分的采样效率（或浓缩效率）。穿透容量和最大采样体积越大，表明浓缩效率越高。对于多组分的采集，则实际的采集体积应不超过穿透容量最小组分的最大采样体积。

影响穿透容量和最大采样体积的主要因素有填充剂的性质和用量、采气流速、被采集组分的浓度、填充柱采样管的直径和长度。此外，采样时的温度、空气中水分和二氧化碳的含量对最大采样体积也有影响。

④ 填充柱的洗脱效率　用填充柱采样后，通常采用两种方式洗脱待测物。一种是热解吸，将填充柱采样管插入加热器中，迅速加热解吸，用载气吹出，通入测定仪器中进行分离和测定。热解吸时的加热温度要适当，既要保证能定量解吸，也要避免待测物在高温下分解或聚合。热解吸法常用于空气中检测物的气相色谱分析。另一种是溶剂洗脱，选用合适的溶剂和洗脱条件，将被测物由填充柱中定量洗脱下来进行分析。

洗脱效率是指能够被热解吸或被洗脱液洗脱下来的被测物的量占填充剂采集的被测物总量的百分数。

$$E=\frac{m}{M}\times 100\% \tag{2-5}$$

式中，E 为洗脱效率；m 为洗脱下来的被测物的量；M 为填充剂上的被测物总量。

⑤ 填充剂的种类　空气理化检验工作中，不但要求填充柱采样管的采样浓缩效率高，而且要求采样后的解吸回收率也要高。因此，选择合适的填充剂至关重要。

常用的颗粒状填充剂有硅胶、活性炭、素陶瓷、氧化铝和高分子多孔微球等。下面简单介绍其中几种。

硅胶（silica gel，$SiO_2 \cdot nH_2O$）：硅胶是一种极性吸附剂，对极性物质有强烈的吸附作用。它既具有物理吸附作用，也具有化学吸附作用。空气中的水分对其吸附作用有影响，其吸水后会失去吸附能力。使用前，硅胶要在100～200℃活化，以除去物理吸附水。硅胶的吸附力较弱，吸附容量小，已吸附的物质容易解吸，在350℃条件下，通氮气或清洁空气可解吸所采集的物质，也可用极性溶剂（如水、乙醇等）洗脱，还可用饱和水蒸气在常压下蒸馏提取。

活性炭（activated carbon）：活性炭是一种非极性吸附剂，可用于非极性和弱极性有机蒸气的吸附，吸附容量大，吸附力强，但较难解吸。少量的吸附水对活性炭吸附性能影响不大，因为所吸附的水可被非极性或弱极性物质所取代。不同原料（椰子壳、杏核、动物骨）烧制的活性炭的性能不完全相同。活性炭适宜于采集非极性或弱极性有机蒸气，可在常温下或降低采集温度的条件下，有效采集低沸点的有机蒸气。被吸附的气体或蒸气可通氮气加热（250～300℃）解吸或用适宜的有机溶剂（如二硫化碳）洗脱。

高分子多孔微球（high polymer porosity micro-sphere）：它是多孔性芳香族化合物的聚合物，使用较多的是二乙烯基苯与苯乙烯的共聚物。高分子多孔微球比表面积大、机械强度较高、热稳定性较好、对一些化合物具有选择性的吸附作用、较容易解吸；广泛用于气相色谱固定相或空气检测物的采样；主要用于采集有机蒸气，特别是采集一些分子量较大、沸点较高且有一定挥发性的有机化合物，如有机磷、有机氯农药以及多环芳烃等。可根据被采集检测物的理化性质，选择适宜型号的高分子多孔微球，通常选用20～50目的高分子多孔微球。常用的高分子多孔微球见表2-1。

表2-1 用于采集空气样品的高分子多孔微球

商品名	化学组成	平均孔径/nm	比表面积/(m^2/g)
Amberlite XAD-2	二乙烯基苯-苯乙烯共聚物	9	300
Amberlite XAD-4	二乙烯基苯-苯乙烯共聚物	5	750～800
Chromosorb 102	二乙烯基苯-苯乙烯共聚物	8.5	300～400
Porapak Q	乙基苯乙烯-二乙烯基苯共聚物	7.5	840
Porapak R	二乙烯基苯-苯乙烯极性单体共聚物	7.6	547～780
Tenax GC	聚2,6-苯基对苯醚	72	18.6

使用前，应将高分子多孔微球进行净化处理：先用乙醚浸泡，振摇15min，除去高分子多孔微球吸附的有机物，弃除乙醚，再用甲醇清洗，以除去残留的乙醚；然后用水洗净甲醇，于102℃干燥15min。也可以于索氏提取器内用石油醚提取24h，然后在清洁空气中挥发除去石油醚，再在60℃活化24h。净化处理的高分子多孔微球保存于密封瓶内。

与溶液吸收法相比，固体填充柱采样法具有以下优点：可以长时间采样，适用于大气污染组分的日平均浓度的测定；克服了溶液吸收法在采样过程中待测物的蒸发、挥发等损失和采样时间短等缺点。只要选用适当，固体填充剂对气体、蒸气和气溶胶都有较高的采样效率，而溶液吸收法通常对烟、尘等气溶胶的采集效率不高。采集在固体填充剂上的待测物比在溶液中更稳定，可存放几天甚至数周。另外，现场采样时，固体填充柱采样管携带也很方便。

(3) 低温冷凝浓缩法

低温冷凝浓缩法又称为冷阱法（cold trap method）。空气中某些沸点较低的气态物质，在常温下用固体吸附剂很难完全阻留，利用制冷剂使收集器中固体吸附剂温度降低，有利于吸附、采集空气中的低沸点物质。图2-7是低温冷凝浓缩法采样示意图。

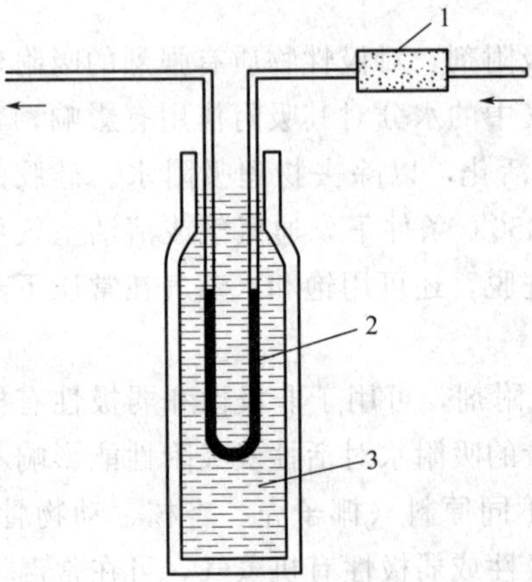

图2-7 低温冷凝浓缩法采样示意图

1—干燥管；2—采样管；3—制冷剂

常用的制冷剂有冰-盐水（−10℃）、干冰-乙醇（−72℃）、液氮-乙醇（−117℃）、液氮（−196℃）等。采样管可做成U形或蛇形，插入冷阱中（见图2-7）。经低温采样，待测组分冷凝在采样管中，将其连接在气相色谱仪进样口（六通阀），在常温下或加热汽化，并通入载气，待测组分被解吸，进入色谱仪进行分离和测定。低温冷凝浓缩采样时，由于空气中的水分及CO_2等也能被冷凝而被吸附，降低了固体填充剂的吸附能力和吸附容量。热解吸时，水分及CO_2等也将同时汽化，增大了汽化体积，导致浓缩效率降低，甚至可能影响测定。所以，采样时应在采样管的进气端连接一个干燥管，管内装有高氯酸镁、烧碱石棉、氢氧化钾、氯化钙等干燥剂，以除去水分和CO_2。应该注意，所选用的干燥剂不应造成空气中待测物的损失。

2.1.2.2 无动力（无泵）采样法

无动力采样法又称为被动式采样法（passive sampling method），该法是利用气体分子的扩散或渗透作用，气体自动到达吸附剂表面或与吸收液接触而被采集，一定时间后检测待测物。该方法不需要抽气动力和流量计等装置，适宜于采集空气中气态和蒸气状态的有害物质。

根据采样原理不同，无动力采样法可分为扩散法和渗透法两类。

(1) 扩散法

该法利用待测物气体分子的扩散作用达到采样目的。根据费克（Fick）扩散第一定律，在空气中，待测物分子由高浓度向低浓度方向扩散，其传质速度（v，ng/s）与该物质的浓度梯度（C_0-C_1）、分子的扩散系数（D）以及扩散带的截面积（A）成正比，与扩散带的长度（L）成反比：

$$v=\frac{DA(C_0-C_1)\times 0.001}{L} \tag{2-6}$$

式中，C_0 为待测物在空气中的浓度，mg/m^3；C_1 为待测物在吸附（收）介质表面处的浓度，mg/m^3。如果扩散至吸附（收）介质表面的待测物可以迅速而定量地被吸收，则可认为 $C_1=0$，此时，吸附（收）介质所采集到的待测物的质量为：

$$m=\frac{DAC_0t\times 0.001}{L} \tag{2-7}$$

上式表明，采样器采集待测物的质量与采样器本身的构造、待测物在空气中的浓度、分子的扩散系数及其采样时间有关。对于具体的待测物、构造一定的采样器来说，DA/L 为常数，用 K 表示，单位为 cm^3/min。由于其单位与有动力采样器的采样流量相当，所以称为被动式采样器的采样速率。K 值可通过实验测得，因此，只要测得 m 和 t，即可计算空气中待测物的浓度。

$$C_0=\frac{m}{Kt\times 1000} \tag{2-8}$$

式中，m 为吸附（收）介质所采集到的待测物的质量，μg；t 为采样时间，min。影响扩散法的因素主要是风速，因为风速直接影响有害物质在空气中的浓度梯度。风速太小（<7.5cm/s）时，空气很稳定，C_0 不能代表空气中有害物质的实际浓度；当风速太大时，又会破坏扩散层，影响采样器的准确响应。气温气压对扩散法影响不大。

(2) 渗透法

该法利用空气中气态或蒸气态分子的渗透作用达到采样目的。分子通过渗透膜后被吸附（收）剂所吸附（收）。其采样原理与扩散法相似，可用扩散法相同的公式计算空气中待测物的浓度。不过，采样速率 K 除与待测物的性质有关外，还与渗透膜的材料有关。

由于被动式采样器的结构不同、不同待测物的理化性质也不同，因此，采样时每种被动式采样器都有不同的采样容量、最大或最小采样时间。在规定的容量和时间范围内，采样速度应保持恒定。

随着室内空气污染监测工作的开展，个体接触量监测已经成为评价环境污染与人体健康的重要依据。在空气污染和人体健康的监测中，常采用无泵采样器作为个体采样器（personal sampler)。这种采样器体积小，重量轻，可以做成钢笔或徽章的形状（图 2-8），佩戴在人们的上衣口袋处，跟随人们的活动实时采样，采样后送回实验室分析，用于测定人们对检测物的接触量或空气检测物的时间加权平均浓度。被动采样器不仅可以用作个体监测器，也可悬挂于室内的监测场所，连续采样一定时间后，测定检测物的浓度，以评价室内空气质量。

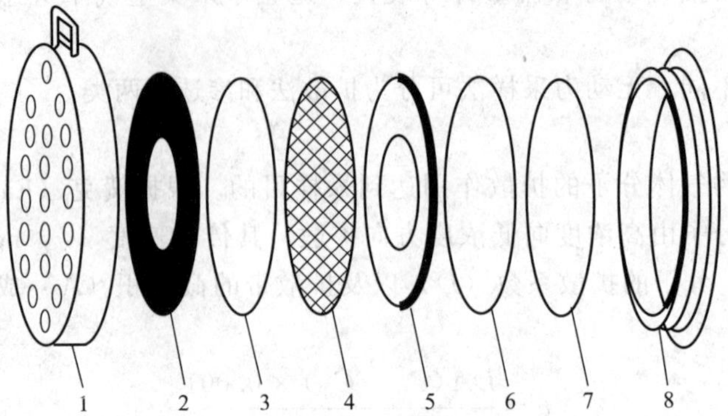

图 2-8 徽章式个体采样器

1—前盖；2—密封圈；3—核孔滤膜；4—涤纶纱网；5—压环；6—吸收层；7—托板；8—底座

2.2 水样有机分析样品采集与保存

为了取得具有代表性的水样，在水样采集以前，应根据被检测对象的特征拟定水样采集计划，确定采样地点、采样时间、水样数量和采样方法，并根据检测项目决定水样保存方法，力求做到所采集的水样，其组成成分的比例或浓度与被检测对象的所有成分一样，并且在测试工作开展以前，各成分不发生显著的改变。

2.2.1 水样采样点的布设

水样采集中要求所采集的水样必须具有代表性，而采集点的布设直接关系到能否使水质的现状以及变化规律得到真实的反映，也直接关系着所采集的水样是否具有代表性，所以水样采集的优化布点工作是其基础和关键。为获得完整的水质信息，理论上讲，要求监测的空间和时间分辨率越高越好，然而高分辨率的空间和时间监测不但费时费力，且难以实现。尤其是空间分辨率只能是有限的，水环境监测分析的重要指导思想是以最少（或尽可能少）的监测点位获取最有空间代表性的监测数据，即优化布点问题。

2.2.1.1 河流监测断面和采样点设置

对于江、河水系或某一个河段，要求设置 3 种断面，即对照断面、控制断面和削减断面。

① 对照断面（背景断面） 具有判断水体污染程度的参比和对照作用或提供本底值的断面。它是为了解流入监测河段前的水体水质状况而设置的。这种断面应设在河流进入城市或工业区以前的地方。设置这种断面必须避开各种废水、污水流入或回流处。一般一个河段只设一个对照断面。

② 控制断面 为及时掌握受污染水体的现状和变化动态，进而进行污染控制的断面。控制断面一般设在排污口下游 500～1000m 处。断面数目应根据城市工业布局和排污口分布情况而定。

③ 削减断面　当工业废水或生活污水在水体内流经一定距离（河段范围）而达到最大混合程度时，其污染状况明显减缓的断面。这种断面常设在城市或工业区最后一个排污口下游 1500m 以外的河段上。

在设置监测断面后，应先根据水面宽度确定断面上的采样垂线，然后再根据采样垂线的深度确定采样点的数目和位置。一般是当河面水宽小于 50m 时，设 1 条垂线；50～100m 时，在左右近岸有明显水流处各设 1 条垂线；100～1000m 时，设左、中、右 3 条垂线；水面宽大于 1500m 时，至少设 5 条等距离垂线。每一条垂线上，当水深小于或等于 5m 时，在距离水面 0.5m 处设一个采样点；当水深为 5～10m 时，在距水面 0.5m 处和河底以上 0.5m 处分别设 1 个点，共设 2 个点。

监测断面和采样点位置确定后，应立即设立标志物。每次采样时应以标志物为准，在同一位置上采集，以保证样品的代表性。

2.2.1.2　湖泊、水库监测断面和采样点设置

根据汇入湖、库的河流数量、径流量，沿岸污染源的影响，水体的生态环境特点，湖、库中污染物的扩散与水体的自净能力等情况，设置采样断面。

① 在汇入湖、库的河流汇合处，分别设置采样断面。

② 在湖、库区沿岸的城市、工矿区、大型排污口、饮用水源、风景游览区、游泳场、排灌站等地，应以这些功能区为中心，在其辐射线上设置近似弧形的采样断面。

③ 在湖、库中心和沿水流流向及滞流区分别设置采样断面。

④ 在湖中不同鱼类的洄游产卵区应设采样断面。

⑤ 按照湖、库的水体种类（单一水体或复杂水体），适当增减采样断面。

湖、库采样点的位置与河流相同。但由于湖、库深度不同，会产生不同水温层，此时应先测量不同深度的水温、溶解氧等，确定成层情况后，再确定垂线上采样点的位置。位置确定后，同样需要设立标志物，以保证每次采样在同一位置上。

2.2.1.3　工业废水采样点的设置

工业废水要根据分析监测的目的和要求，选择适宜的采样点。一般有以下几种布点法：

① 要测定一类污染物应在车间或车间设备出口处布点采样。一类污染物主要包括：汞、镉、砷、铅和它们的无机化合物，六价铬的无机化合物，有机氯和强致癌物质等。

② 要测定二类污染物应在工厂总排污口处布点采样。二类污染物有：悬浮物、硫化物、挥发酚、氰化物、有机磷；石油类；铜、锌、氟及它们的无机化合物；硝基苯类；苯胺类等。某些二类污染物的分析方法尚不成熟，在总排污口处布点采样分析会因干扰物质多而影响分析结果。这时，应将采样点移至车间排污口，按污水排放量的比例折算成总排污口废水中的浓度。

③ 有处理设施的工厂，应在处理设施的排出口处布点。为了解对废水的处理效果，可在进水口和出水口同时布点采样。

④ 在排污渠道上，采样点应设在渠道较直、水量稳定、上游没有污水汇入处。

2.2.2　水样采样器

表层水样采集：可用桶、瓶等容器直接采集。一般将其沉至水面下 0.3～0.5m 处采集。

深水水样采集：可用如图 2-9 所示带重锤的采样器沉入水中采集。将采样容器沉降至所需深度（可从绳上的标度看出），上提细绳打开瓶塞，待水样充满容器后提出。对于水流急的河段，宜采用图 2-10 所示急流采样器。它是将一根长钢管固定在铁框上，管内装一根橡

胶管，其上部用夹子夹紧。下部与瓶塞上的短玻璃管相连，瓶塞上另有一长玻璃管通至采样瓶底部。采样前塞紧橡胶塞，然后垂直伸入要求水深处，打开上部橡胶管夹，水样即沿长玻璃管流入样品瓶中，瓶内空气由短玻璃管沿橡胶管排出。这样采集的水样也可用于测定水中的溶解性气体，因为它是与空气隔绝的。

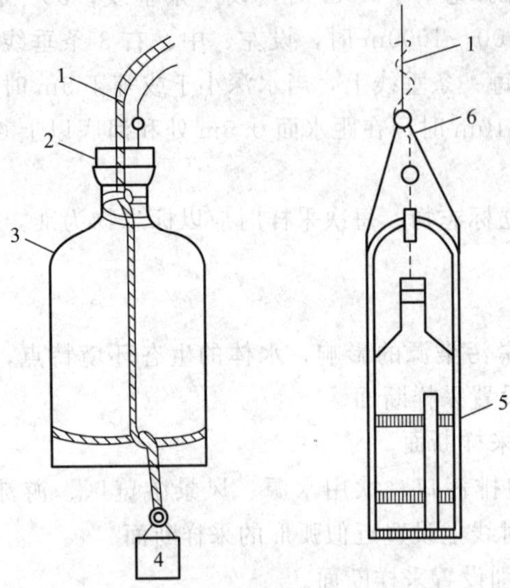

图 2-9 常用采样器

1—绳子；2—带有软绳的橡胶塞；3—采样瓶；4—铅锤；5—铁框；6—挂钩

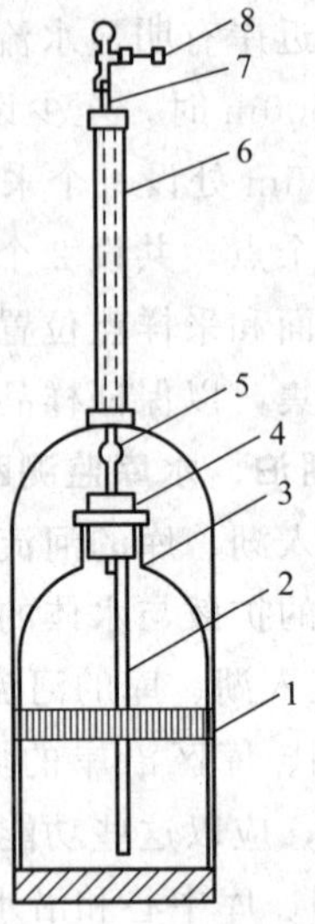

图 2-10 急流采样器

1—铁框；2—长玻璃管；3—采样瓶；4—橡胶塞；5—短玻璃管；6—钢管；7—橡胶管；8—夹子

2.2.3 水样采样量

监测所需水样量由监测项目决定。不同监测项目对水样的用量有不同的要求，所以采样量必须按照各个监测项目的实际情况分别计算，再适当增加20%～30%，即可作为各监测项目的实际采样量。供一般物理与化学分析用的水样约需2～3L，如待测的项目很多，需要采集5～10L。

2.2.4 水样有机分析采样方法

2.2.4.1 地表水样的采集

（1）湖泊、水库等广阔地表水域

广阔水域中的水一般是静止的，布点原则为该（库）区的不同水域，如进水域、出水域、深水区、浅水区、湖心区，按水体功能布设监测垂线。湖泊、水库区若无明显功能分区，可用网格法均匀布设断面垂线。

应选择在连续几天都比较晴朗的天气采集水质比较稳定的水样。对于表层水（水面下0～50cm），为了不混入水表面的漂浮物、悬浮油类，应在水面下1～2cm处采集。采样器具不能用塑料、橡胶类制品，这样会带入有机污染物。将所采水样装入玻璃瓶（最好为棕色瓶）内，保持在4℃下运回实验室。应强调指出：当要分析挥发性有机物时，样品瓶必须装满，不能留有顶上空间，以防开盖取样分析时挥发性污染物逸出而影响分析准确性。

对于深层水可采用两种方法采样：①用导管（聚四氟乙烯管）下沉到设计采样深度用泵抽真空，水被吸到采样瓶中，此种方法简单易行，但不适合挥发性有机物采样；②使用深水采样器，即直立式或聚四氟乙烯采样器，装置在下沉过程中水从采样器中流过，当达到预定深度时，容器能够闭合而汲取水样。

（2）河流、排水渠等流动水面

河流、排水渠一般采集几个断面，一个断面采集几个样品视河流水量大小而定，如长江、黄河等大江河，断面所采点位就要多些，而对于小河有 2～3 个点即可。在选择河流采样断面时，首先应注意其代表性。此外，通常需要考虑以下情况：

① 污染源对水体水质影响较大的河段，一般设置 3 种断面。

对照断面——反映进入本地区河流水质的初始情况，它布设在进入城市和工业排污区的上游、不受该污染区域影响的地点。

控制断面——布设在排放区下游、能反映本污染区污染状况的地点。根据河流被污染的具体情况，可布设一个或数个控制断面。

削减断面——布设在控制断面下游、污染物达到充分稀释的地方。

② 在大支流或特殊水质支流汇合之前，靠近汇合点的主流与支流上游以及汇合点的下游，在认为已充分混合的地点布设断面。

③ 在流程途中遇有湖泊、水库时，尽可能靠近流入口和流出口设置断面。

④ 一些特殊地点或地区，如饮用水源、水资源丰富地区等应视其需要布设断面。

⑤ 对于水质变化小或污染源对水体影响不大的河流，布设 1 个断面即可。河流断面垂线上采样点的布设，表层水一般要采集距水面 10～15cm 以下水样。采集不同深度河流部位水样，可参考表 2-2。

表 2-2 不同水深河流采样要求

水深	采样点数	说明
≤5m	1 点（距水面 0.5m）	①水深不足 1m 时，在 1/2 水深处采样 ②河流封冻时，在冰下 0.5m 处采样 ③若有充分数据证明垂线上水质均匀，可酌情减少采样点
5～10m	2 点（距水面 0.5m，河底以上 0.5m）	
≥10m	3 点（距水面 0.5m，1/2 水深，河底以上 0.5m）	

为了解排污口所排废水对河水的污染情况，一般在排污口下游 100m 以外采集水样，以避免扩散不均匀导致采集的水样不具代表性。

（3）废水排放

为了采到代表性样品，需要调查该排放废水工厂的生产周期。根据调查情况设计采样方案，一般采 2～3 个周期。最好利用自动采样器，输入采样时间、频次后可不用管理，到时去取水样即可。

2.2.4.2 地下水样的采集

从监测井中采集水样常利用抽水设备。启动后，先放水数分钟，将积留在管道内的杂质及陈旧水排出，然后用采样器接取水样。对于自喷泉水，可在涌水口处直接采样。对于自来水，也要先将水龙头完全打开，放水数分钟，排出管道中积存的死水后再采样。地下水的水质比较稳定，一般采集瞬时水样，即能有较好的代表性。

2.2.4.3 采样过程中要注意的问题

① 采样容器的润洗问题。采样容器在接取水样时，要将容器用将要采集的水样润洗，保证所采集水样的纯净。

② 在采集水样时要注意将水灌满，并将瓶盖拧紧。这样不仅减少了水样在运输途中的振荡，也避免了空气中的氧气、二氧化碳对容器内样品的影响。但需冷冻保存的水样不应充满容器，以免使容器破裂。

③ 采集完样品后，应尽快将样品送到实验室进行分析。在运输过程中应注意将水样装箱运送，以免因为振动、碰撞导致损失或沾污。

2.2.5 水样的预处理与保存

2.2.5.1 水样的预处理

水样的组成复杂并且污染组分的存在形态不同，所以在水样测定以前需要对其进行有针对性的预处理。水样的预处理工作十分复杂，需要根据所采集水样的实际情况选择预处理的方法。过滤是常用的预处理方法之一，水的浑浊度会影响水质分析的结果，浑浊度较高的水样需要通过过滤方法进行预处理，也可以通过离心分离或蒸发等方法来处理。

如果水样中需要测定的组分的含量过低而影响水样分析的话则需要对水样进行富集和分离处理。常用的富集和分离方法有过滤、挥发、溶剂萃取、离子交换等。

在水样中含有过多有机物的情况下需要进行消解处理，以便将有机物、悬浮颗粒等干扰组分破坏分解。在许多废水和污水的分析中，水样中的有机物会和其中的金属离子发生络合作用，在这些情况下消解处理能够减小有机物对污水分析的影响。消解水样包括湿式消解法和干式消解法，应当以水样中无沉淀、清澈、透明为消解完全的标准。

除非将采集到的水样马上进行分析，否则在水样贮存以前必须进行适当的预处理。预处理方法主要依据被测水样的不同要求而定。

在未过滤的样品中，由于颗粒物和溶解于样品中的碎片之间的相互作用，有可能引起样品中重金属化学形态分布的变化。研究人员发现重金属在沉积物与水的混合物中的吸附-解吸平衡时间是很短的，一般少于72h，最大吸附发生在pH=7.5左右。采样后，溶液平衡的任何变化，颗粒物所提供的吸附部位都将为金属形态的迁移提供路径，而在某些条件下，解吸已吸附的金属是有可能的。通常对于微量元素或有机分析，首先必须通过过滤或者离心将水样中的颗粒物质除去（如果测定颗粒物中的污染物成分，则需收集这部分样品），然后加入保护剂，水样盛放在没有污染的容器内，并贮存在合适的温度下，以防止有效成分的损失、降解或形态变化。

利用0.45μm的微孔膜可以方便地区分开溶解物和颗粒物，通过滤膜的过滤液中还可能含有0.1～0.001μm的微生物和细菌的胶粒以及小于0.001μm的溶解于水的组分。0.45μm的滤膜可以滤出所有的浮游植物和绝大多数的细菌。连续过滤有时可能造成滤膜堵塞，这时一般需要更换新膜或是采用加压过滤。

使用过滤仪器，应该注意仪器与溶液接触部分的材料，如硼硅玻璃、普通玻璃、聚四氟乙烯等，同时也要考虑过滤器的类型（真空还是加压）。玻璃过滤器使用橡胶塞子容易造成沾污，一般选择使用硼硅玻璃的真空抽滤系统。过滤以前，过滤器材应用稀酸洗涤，通常可以在1～3mol/L盐酸中浸泡一夜。

未处理过的过滤膜表面极易吸附水中的镉和铅，但用来过滤河水时，未发现上述元素浓度的变化。利用未经处理的膜来过滤海水样品中的含汞样品，可能造成10%～30%的损失。而使用处理过的玻璃纤维过滤，汞的损失可降低至7%以下。一般的滤膜使用前先用20mL 2mol/L的HNO_3洗涤，再用50～100mL蒸馏水冲洗。接收的烧杯或锥形瓶必须用蒸馏水将酸冲洗干净，并将最初收集的10～20mL滤液弃掉。对于海洋深水样的过滤，滤膜最好先用稀硝酸浸泡。

加压过滤或真空抽滤是通常使用的两种方法。加压过滤速度快，适用于过滤含有大量沉积物的河水水样，如果使用 47mm 直径/0.45μm 膜过滤水样，速度大约在 100mL/h，加压过滤通常使用超滤膜。

对于难以过滤的样品，离心也是一种有效的手段，但离心的过程容易引起沾污。离心分离的效率跟离心的速度、时间以及颗粒的大小、密度有关。

高的细菌浓度伴随着沉积物的存在同样也会导致水溶性物质的损失。细菌和藻类的生长包括光合成及氧化等作用，将会改变水样中 CO_2 的含量因而导致 pH 值的变化，pH 值的变化往往带来沉淀，改变螯合或吸附行为以及溶液中金属离子的氧化还原作用。由于贮存样品中细菌生长和繁殖的不可预测性，采样后的过滤越早越好。如果过滤时间推迟至几个小时之后，样品最好冷冻保存或者加酸酸化以便抑制细菌的生长。

2.2.5.2 水质变化的影响因素

水样采集后，应尽快送到实验室分析。样品久放，受一些因素影响，某些组分的浓度可能会发生变化，导致水质变化的主要因素包括：

① 生物因素 微生物的代谢活动，如细菌、藻类和其他生物的作用可改变许多被测物的化学形态，进而影响许多测定指标的浓度，主要反映在 pH、溶解氧、生化需氧量、碱度、硬度以及二氧化碳、磷酸盐、硫酸盐、硝酸盐和某些有机化合物的浓度变化上。

② 化学因素 测定组分可能被氧化或还原，如六价铬在酸性条件下易被还原为三价铬，低价铁可被氧化成高价铁。由于铁、锰等价态的改变，可导致某些沉淀与溶解、聚合物产生或解聚作用的发生，如多聚无机磷酸盐、聚硅酸等。所有这些均会导致测定结果与水样实际情况不符。

③ 物理因素 测定组分被吸附在容器壁上或悬浮颗粒物的表面上，如溶解的金属或胶状的金属、某些有机化合物以及某些易挥发组分的挥发损失等。

各种水质的水样从采集到分析测定这段时间，由于环境条件的变化，微生物新陈代谢活动的影响，会引起水样的某些物理参数及化学组分的变化。为了使这些变化尽量小，应尽快进行分析测定并采取必要的措施（有些项目还必须在现场测定）。如果不能尽快测定，就要进行水样的保存。水样的保存要求做到：减慢化合物或络合物水解，避免分解，减少挥发与容器的吸附损失。

2.2.5.3 水样的保存方法

常用的保存水样的方法主要有冷藏法和化学法。

（1）冷藏法

样品在 4℃冷藏或将水样迅速冷冻，贮存于暗处，可以抑制生物活动，减缓物理挥发作用和化学反应速率。冷藏是短期内保存样品的一种较好方法，对测定基本无影响。但需要注意冷藏保存也不能超过规定的保存期限，冷藏温度必须控制在 4℃左右。温度太低（例如≤0℃），因水样结冰体积膨胀会使玻璃容器破裂，或样品瓶盖被顶开失去密封，样品受污染；温度太高则达不到冷藏目的。

（2）化学法

加生物抑制剂：加入生物抑制剂可以阻止生物作用。常用的试剂有氯化高汞，加入量为每升水样加 20～60mL。如果水样要测汞，就不能使用这种试剂，这时可以加入苯、甲苯或氯仿等，每升水样加 0.5～1mL。

酸（碱）化法：为防止金属元素沉淀或被容器吸附，可加酸至 $pH<2$，一般加硝酸，但部分组分可加硫酸保存。使水样中的金属元素呈溶解状态，一般可保存数周。对汞的保存时间要短一些，一般为7天。有些样品要求加入碱，例如测定氰化物水样必须加碱至 $pH=11$ 保存，因为酸性条件下氰化物会产生剧毒物质 HCN，非常危险。

加入保存剂：加入某种化学试剂以稳定水样中的一些待测组分。保存剂可事先加入空瓶中，也可在采样后加入水样中。为避免保存剂在现场被沾污，最好在实验室将其预先加入容器内，但是，易变质的保存剂不能预先添加。经常使用的保存剂有各种酸、碱及杀菌剂，加入量因需要而异。加入的保存剂不应干扰其他组分的测定。一般加入保存剂的体积很小，其影响可以忽略。但某些试剂中所含的金属杂质对微量分析是有影响的，应减去空白值。

水样保存剂的空白测定：酸、碱和其他化学保存剂本身含有微量杂质，或保存剂在现场使用一定时间后，也可能被污染。因此，在分析一批水样时，必须做空白实验，把同批的等量保存剂加入与一个水样同体积的蒸馏水中，充分摇匀制成空白样品，与水样一起送实验室分析。在分析数据处理时应从水样测定值中扣除空白实验值。保存剂应每月更换一次，如发现被污染，应立即更换。

对保存剂的要求：地面水样品的保存剂，如果是酸应该使用高纯度的；其他试剂则使用分析纯的，最好用优级纯的。保存剂如果含杂质太多，达不到要求，则必须提纯。

2.3 油气探井有机分析现场样品采集与制备

油气地质样品种类繁多、成分复杂，因此针对不同样品及分析目的，应该按照相应的国家标准及行业标准采集和制备样品才能获得可靠的结果。本节简要介绍几类常见油气地质样品的现场采集及保存方法。

2.3.1 烃源岩样

烃源岩样主要用于研究岩层中有机质丰度、有机质类型和有机质演化程度，以了解其生油气的潜力。一般分析项目为有机质含量、元素分析、沥青族组分分析、氯仿提取物等。

2.3.1.1 采样要求

由于生油气指标和分析项目多，采样时必须注意配套采集。

① 进行多项目分析则所测部分需取自同一块样品。

② 样品要系统采集，以岩心为佳；无岩心时，要挑选岩屑样品。

岩心样品：黏土岩样品质量应不少于1000g；碳酸盐岩样品质量应不少于1500g。岩屑样品质量应不少于50g。

③ 采集露头样品时，必须考虑风化和蚀变的影响，尽可能采集新鲜岩石。

④ 样品要防止机油、油漆、石蜡、墨水、塑料等有机物的污染；防止烘烤和曝晒。

⑤ 样品质量视有机物含量多少而定。油页岩、沥青质岩及煤样采集300g；暗色泥质岩、暗色碳酸盐岩采集500g；浅色碳酸盐岩及有机质含量较低的岩石样品采集800～1000g。

2.3.1.2 样品的保存

样品应使用纸袋（或布袋或塑料袋）包装。包装袋上或包装袋中的标签应标明样品的井号、井深、层位、分析项目、采样人、采样日期及时间。样品应放置在无污染、无阳光直射的环境中，且不应遭受雨淋、日晒和高温烘烤。

2.3.2 储集岩样

储集岩样品主要用于了解岩层储集油气及油气在该岩层中运移的性能。一般分析项目包括孔隙度、渗透率、含油饱和度、含水饱和度等。

2.3.2.1 采样要求

① 地面工作中，要对可能的储集岩进行系统采集，样品规格不小于6cm×6cm×7cm。

② 钻井中重点采集油气层及油气显示层。厚度大于半米者，每半米采一个样，小于半米者逐层采集。

③ 对油层中不含油或含油少的夹层以及油层上、下层段也要适当采集。

④ 做储油岩物性全分析（包括岩矿鉴定与粒度分析）的岩心样品，应采8～10cm长。

⑤ 储油气物性样应注意保持裂隙的完整。

⑥ 岩屑由于失真性大，不宜做物性测定，但没有岩心的含油气层，可尽量挑选含油岩屑进行分析，作为参考资料。

⑦ 油砂岩、油浸砂岩或含油碳酸盐岩的岩心取出时，应立即清除岩心表面泥浆，密封包装，标记岩样上、下位置，送实验室分析；不测含油、水饱和度而测定其他物性的含油岩心，可以不必封装。

2.3.2.2 取样密度

① 岩心　油浸及其以上含油级别每米取8～10块；油斑和油迹每米取4～5块；油迹以下每米取2～3块。

② 岩屑　单层厚度不大于5m的，至少应取一个样品；单层厚度大于5m的，每5m取一个样。

2.3.2.3 样品规格和质量要求

① 岩心样品长度应为50～100mm，宽度大于40mm，高度大于10mm。

② 岩屑样品质量应不少于50g。

2.3.2.4 样品包装及标识

储集岩样的包装及标识同烃源岩样。

2.3.3 古生物样

2.3.3.1 介形虫、轮藻、孢粉、藻类、疑源类及胞石

基本采样要求如下：

① 岩心中发现化石必须采样，可能含化石的岩心段平均每米取样一块，样品质量不少于100g。

② 可能含化石的岩屑录井层段，6～10m取一个样，每一个经过挑选的样品质量不应少于50g，混合样品质量不少于200g。

2.3.3.2 孢粉样品

孢粉样品主要用于：①确定含煤地层时代；②进行煤、岩层对比；③了解成煤原始物质的植物组成。

采样要求：

① 确定地质时代的孢粉煤样，可利用煤层煤样、煤心煤样，或在煤层露头处（深1m以下）取得煤样。如采取岩石孢粉样时，应在炭质页岩、含植物化石碎片的细砂岩、粉砂岩、泥岩或灰黑色、深棕色的砂质或泥质岩石的垂直层理中采取块段样。其采样间距：当层厚度小于1m时，间隔20～50cm采1块；层厚1～5m时，间隔0.5m采1块；层厚5m以

上时，每隔1m采1块。

② 对比煤层的孢粉样，要在煤层的直接顶底板1m处再采一块样。为了控制煤层的分岔、合并、尖灭等变化情况，煤层本身也要采取块段样，采样间距同上。若煤层松软呈粉状，可采取全层或分层混合样，即从煤心煤样或煤层煤样中缩取1/5～1/3送检。对比煤层的孢粉样，采取时应绘1∶200或1∶500的煤层柱状图。

③ 孢粉样要自上而下严格注意编号；要严密包装，防止不同层位的煤末、岩粉及现代花粉混入。

④ 平均煤样（粉煤）质量不少于500g；块段煤样在坑道采取时，其规格为5cm×5cm×5cm；钻孔中取样垂直层理厚度为5cm，煤样质量一般不少于200g。岩石孢粉样在坑道取样的样槽规格为10cm×10cm×10cm；钻孔取样垂直层理厚度为10cm。

2.3.3.3 有孔虫

① 中生代、新生代实体化石取样要求同2.3.3.1。

② 古生代、中生代碳酸盐岩岩心每米取样一块，样品质量不少于200g；碳酸盐岩岩屑样每5～10m取一个样，样品质量不少于100g。

2.3.3.4 牙形石

① 碳酸盐岩岩心应每米取样一块，样品质量不少于500g。

② 岩屑样，按碳酸盐岩岩性分层，每5m取一个样，样品质量不少于500g。

2.3.3.5 大化石

详细观察岩心，见到化石及时取样。

2.3.4 油、气、水分析样

油分析样应使用容积1000mL广口瓶在钻井液高架槽或放喷池（罐）中取样，其样品量应不少于500mL。简项分析需纯油300mL，分析项目包括密度、黏度、馏程、油水比、族组分。繁项分析需纯油1000mL，分析项目除简项外，还包括含蜡量、凝固点、胶质、折射率等。干酪根、红外光谱、正构烷烃等分析，另按要求取样。

气分析样应使用容积1000mL细口瓶装满饱和盐水后，应用排水取气法在分离器排气口或中途测试排气管口取样，并在取样瓶溶液剩余50～100mL时结束取样，注意防止空气混入。分析项目包括组分分析和稀有气体分析。

水分析样应使用容积1000mL广口瓶在钻井液高架槽或放喷池（罐）中采集地层水与钻井液的混合样，且瓶内液面与瓶口之间应有2～3cm空隙。分析项目包括简项分析和全分析。简项分析包括Ca^{2+}、Mg^{2+}、K^{+}、Na^{+}、Cl^{-}、SO_4^{2-}、HCO_3^{-}、CO_3^{2-}、pH值。全分析除了简项分析外，还包括Br^{-}、I^{-}、BO_2^{-}，必要时K^{+}、Na^{+}分别测定。

油、气、水分析样瓶应密封，气分析样瓶应保持倒置，样瓶上应粘贴标明井号、井深、层位、采样人、采样日期及时间的标签。

液化石油气是指在环境温度和压力适当的情况下，能以液相贮存和输送的石油气体。其主要成分是丙烷、丙烯、丁烷和丁烯，带有少量的乙烷、乙烯和戊烷、戊烯。通常是以其主要成分来命名，例如工业丁烷和工业丙烷。

液化石油气采样：先用试样冲洗采样管和采样器，然后将液相试样装满采样器，再排出占采样器容量20%的试样，留下80%的试样在采样器中。

采样器应用适宜等级的不锈钢制成，它可制成单阀型或双阀型，排出管型或非排出管型。大小按试样需要量确定，常见采样器见图 2-11。

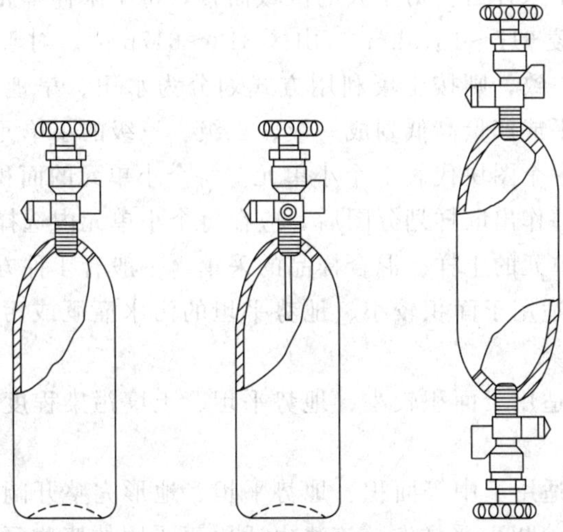

(a) 单阀型　(b) 排出管型　(c) 双阀型

图 2-11　液化石油气采样器

采样管是由铜、铝、不锈钢、尼龙或其他金属做成的软管。采样管末端的一段装有两个针形阀，见图 2-12 中的 a 和 b，它由不锈钢或耐腐蚀金属制成。

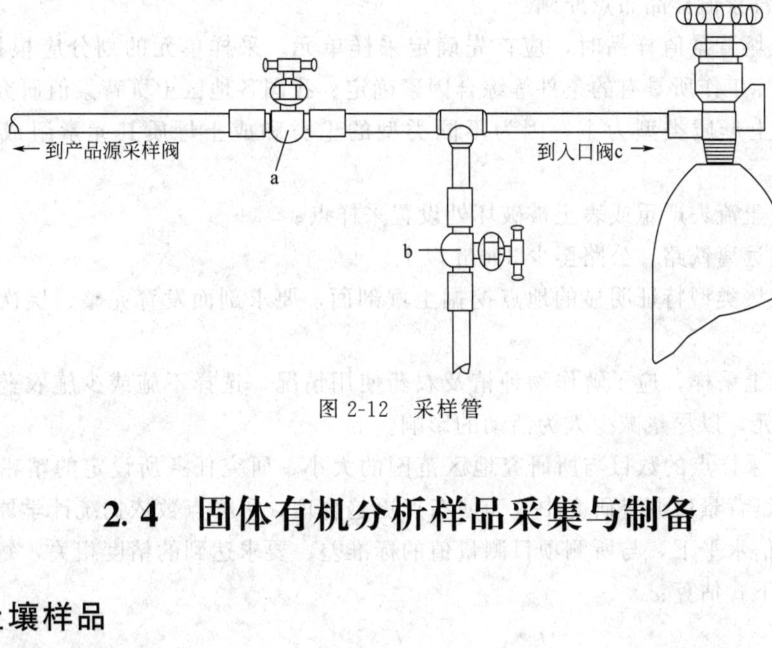

图 2-12　采样管

2.4 固体有机分析样品采集与制备

2.4.1 土壤样品

研究土壤可从两方面着手：一是污染地区的土壤，二是土壤中各组分的背景值。它们的布点要求有所不同。

2.4.1.1 布点原则

(1) 污染区土壤样品布点原则

污染区要全面考虑土壤类型、成土母质、地形、植被和农作物情况后布设采样点。土壤因成土母质、土壤类型、地形、种植作物等的不同而有差异。不同的土壤类型必须划成不同的采样单元，使每一个采样单元的土壤尽可能均匀一致。在采集土样时，根据土壤的差异情况，将土壤划分成若干个采样区。对于大的区域而言，每个采样单元可代表的面积，一般平原 1313～3313hm^2，丘陵 617～1313hm^2，山区 313～617hm^2。对于 1 个行政村而言，如果成土母质（土壤类型）一致，则按土壤利用方式划分为水田、旱地、果园、茶园等 4 种类型，并分别按生产力水平或产量高低划成一级、二级、三级的小单元。或按地形和种植情况作出土壤取样划分图，每个图块代表 1 个小单元。每个小单元的面积一般为 313hm^2左右。

当完成取样小单元并作出取样划分图后，应在每个小单元内选择多点进行取样混合，称为混合样品，代表该小单元的土样。混合样品的采集，一般有 4 种方法。

① 对角线布点法　适用于面积较小、地势平坦的污水灌溉或污染河水灌溉的田块。一般采样点不少于 5 个。

② 梅花形布点法　适用于面积较小、地势平坦、土壤污染程度较均匀的地块。一般设 5～10 个采样点。

③ 棋盘式布点法　适用于中等面积、地势平坦、地形完整开阔，但土壤污染程度较不均匀的地块，一般设 10 个以上采样点。该法也适用于受固体废物污染的土壤，因为固体废物分布不均匀，应设 20 个以上采样点。

④ 蛇形布点法（或“S”形布点法）　适用于面积较大、地势不很平坦、土壤污染程度不够均匀的田块。布设采样点数目较多。

采样点注意事项：采样点不可以设置在田边、海边、路边或肥堆旁。

（2）土壤背景值样品布点原则

① 采集土壤背景值样品时，应首先确定采样单元。采样单元的划分应根据研究目的、研究范围及实际工作所具有的条件等综合因素确定。我国各地区土壤背景值研究中，采样单元以土类和成土母质类型为主，因为不同类型的土类和成土母质其元素组成和含量相差较大。

② 不在水土流失严重或表土被破坏处设置采样点。

③ 采样点远离铁路、公路至少 300m 以上。

④ 选择土壤类型特征明显的地点挖掘土壤剖面，要求剖面发育完整、层次较清楚且无侵入体。

⑤ 在耕地上采样，应了解作物种植及农药使用情况，选择不施或少施农药、肥料的地块作为采样单元，以尽量减少人为活动的影响。

⑥ 通常，采样点的数目与所研究地区范围的大小、研究任务所设定的精密度等因素有关。在全国土壤背景值调查研究中，为使布点更趋合理，采样点数依据统计学原则确定，即在所选定的置信水平下，与所测项目测量值的标准差、要求达到的精度相关。每个采样单元采样点数可按下式估算：

$$n=\frac{t^2 s^2}{d^2} \tag{2-9}$$

式中　n——每个采样单元中所设最少采样点数；

t——置信因子（当置信水平为 95%时，t 取 1.96）；

s——样本相对标准差；

d——允许偏差（当抽样精度不低于 80%时，d 取 0.2）。

2.4.1.2 采样时间和采样间隔

土壤中有效养分的含量随着季节的改变而有很大的变化，影响其变化的因素主要有温度、水分、施肥等。因此，采集土样时要注意时间因素，同一时间内采集的土样分析结果才能相互比较。土壤因化验目的不同，采样时间也不同。为制订施肥计划而进行土壤测定时，必须在收获或施肥前采样；为弄清土壤养分和作物丰产的规律，则按作物生育期定时取样；为解决随时出现的问题而进行土壤测定时，应随时采样；若要了解施肥效果，需在作物生长期间施肥的前后进行采样；分析土壤养分供应情况时，一般都在晚秋或早春采集土样。测土施肥中取土的间隔，除测硝态氮需每茬取样外，一般每隔 3 年取 1 次土样即可。

2.4.1.3 采样深度

应根据不同的测定对象或监测目标采集不同深度的土壤样品。

Pb、Cd、As、Hg 等重金属或半挥发性有机物一般积蓄于土壤表层，其采样深度以表土（0～15cm）和里土（15～30cm）为主。VOCs 类污染除非有地表污染源，否则容易向地下迁移，容易滞留在土壤的含水层，必须使用钻孔采样法。

当进行深层污染采样时，采样过程应注意避免打破含水层的不透水层，以防止污染相邻的含水层。若需对不同含水层土壤进行采样时，需采取适当措施避免相邻的含水层的污染。在可能的污染源周边设置一调查区，并至少在此区分别于地下水上游设置一处，下游设置一处，共两处采样点。但如需要，可在区内进行剖面层次分层采样，其间距以 50cm 为原则，可依调查目的调整。

有机污染物的采样深度视可能的污染源深度、污染物的特性和土壤的质地、孔隙度或地下水的深度而决定。可以分别于可能的污染源位置及地下水附近抓取两种深度的样品；或将采样点的深度分别设于地表下 0～30cm 处、地表至当时地下水面的中间区处（中间区采样深度间距以自地下每间隔 1.5～3cm 设一采样点）、地下水位上方及下方各 1cm 的区间处等三个不同的深度；或自地下水采至未发现污染处。当怀疑有重质非水相液体污染时，需垂直向下采集不同深度土样，直到第一含水水层底部不透水水层的上方，或至污染物浓度在法规标准以下。

2.4.1.4 土壤样品采集

（1）污染区土壤样品采集

① 土壤混合样品的采集　确定好采样点后，先除去地表杂质（如有明显杂质），采集相应深度的土约 400 g 作土样。将此 5 点（或多于 5 点）所采集的土壤放在一个木盘子或塑料布上，用手捏碎混匀，用四分法缩分至 1 kg 左右，放入样品袋，内外附上标签，注明采样地点、采样日期、采样人、耕作情况等。

② 土壤剖面样品的采集　采集土壤剖面样品时，首先根据地形、植被、土类等选定取样点，然后挖掘一个 1m×1.5m 左右的长方形土坑，深度约在 2m 以内，一般要求达到母质或浅水处即可。根据土壤剖面颜色、结构、质地、松紧度、温度、植物根系分布等划分土层，并进行仔细观察，将剖面形态、特征自上而下逐一记录。随后在各层最典型的中部自下而上逐层采样，在各层内分别用小铲切取一片片土壤样，每个土壤剖面土层示意图采样点的取土深度和取样量应一致。

（2）土壤背景值样品采集

① 在每个采样点均需挖掘土壤剖面进行采样。我国环境背景值研究协作组推荐，剖面规格一般为长 1.5m、宽 0.8m、深 1.0m，每个剖面采集 A、B、C 三层土样。过渡层（AB、

BC）一般不采样。当地下水位较高时，挖至地下水出露时止。现场记录实际采样深度，如0～20cm、50～65cm、80～100cm。在各层次典型中心部位自下而上采样，切忌混淆层次、混合采样。

② 在山地土壤土层薄的地区，B层发育不完整时，只采A、C层样。

③ 干旱地区剖面发育不完整的土壤，采集表层（0～20cm）、中土层（50cm）和底土层（100cm）附近的样品。

（3）土壤采样法

采集土壤时常用的采样器具有采样铲、手动式土钻采样器、劈管采样器、薄管采样器、活塞式采样器和双管采样器等。不同的检测对象用不同的采样器，采样器材的选定视土壤的质地而定，可参考表2-3和表2-4。

表2-3 土壤采样方法适用的检测对象

采样方法	挥发性有机物	半挥发性有机物	农药	重金属
劈管采样法	√	√	O	O
活塞采样法	√	√	O	O
双套管采样法	√	√	O	O
薄管采样法	O	O	O	O
手动采样法	×	√	√	√

注：√表示推荐使用；O表示适用；×表示不适用。

表2-4 土壤采样方法适用的土壤特性

采样方法	黏土层	粉沙层	沙层	砾沙层	涌沙含水层	一般土壤特性
劈管采样法	√	√	√	O	×	√
活塞采样法	√	√	√	√	√	√
双套管采样法	√	√	√	O	O	√
薄管采样法	√	O	×	×	×	O
手动采样法	√	√	√	O	×	√

（4）注意事项

采集土壤样品的容器应是玻璃或聚四氟乙烯制品，并带有聚四氟乙烯衬垫的螺旋盖。在聚四氟乙烯不易获得的情况下，溶剂冲洗过的铝箔可用作衬垫，但要注意强酸性或碱性样品由于会与铝箔反应，样品可能被污染，要避免使用。

测定半挥发性有机物用的采样容器应用肥皂和水洗涤，然后用甲醇（或异丙醇）冲洗，塑料容器或带塑料盖的容器不能用来贮存样品，因为塑料中的邻苯二甲酸酯和其他碳氢化合物可能污染样品。采集样品时应小心装样，防止样品接触到采集者的手套而引起污染。不能在有尾气存在的地方采集或贮存样品。如果样品与采样器接触，要用试剂水通过采样器作现场空白。

采样时应尽可能完全填满容器，必要时稍微敲击以尽可能消除自由空间。装满容器后须在取样地点立刻贴上标签。

采集土壤样品，都应避开运转着的马达或任何类型的尾气排放系统，以免对样品造成污染。从每个采样点所取的两瓶样品，应分别用塑料袋封上，以防止样品之间的交叉污染。尤其是当采集的样品被怀疑含有大量的挥发性有机物时，在袋中也可放入活性炭以防止严重污染的样品交叉沾污。样品在运输和贮存过程中也会被通过垫片扩散的挥发性有机物所污染。为了监控可能的污染，在整个采样、贮存和运输过程中同时带一个蒸馏水配制的运输空白。

2.4.1.5 土壤样品的制备与保存

从野外取回的土样，登记编号后，经风干、磨细、过筛、混匀、装瓶，以备各项测定之用。这个过程一般由专业人员来完成。

(1) 新鲜样品的处理和贮存

在分析测试中，有些成分如低价铁、铵态氮、硝态氮等在风干过程中会起很大的变化，这些成分的分析一般用新鲜样品。为了能真实地反映土壤在田间自然状态下的某些理化性状，新鲜样品要及时送到化验室处理，先用粗玻璃棒或塑料棒将样品弄碎混匀，然后迅速称样进行分析测定。新鲜样品一般不宜贮存，如需暂时贮存时，可将新鲜样品装入塑料袋中，扎紧袋口，放在冰箱冷藏室或进行速冻处理。

(2) 风干样品的处理和贮存

① 风干 将采回的土样放在木盘中或塑料布上，摊成薄薄一层，置于室内通风阴干。在土样半干时，须将大土捏碎，以免完全干后结成硬块，难以磨细。风干场所力求干燥通风，并要防止酸蒸气、氨气和灰尘的污染。样品风干后，应拣去动植物残体如根、茎、叶、虫体等和石块、结核。如果石子过多，应当将拣出的石子称重，记下所占的百分数。

② 粉碎过筛 风干好的样品，根据化验项目，用四分法缩分至200～500g后，用木棍研细。用于碱解氮、速效磷、速效钾、pH值和物理分析化验的样品，全部通过20目筛；用于有机质、全氮、全磷、全钾、铁、硅、铝等化验分析的样品，全部通过100目筛（测定硅、铁、铝的土壤样品需要用玛瑙研钵研细）。

③ 保存 指导大田施肥用的待测样品，一般用信封或塑料袋装；作研究和备查核用的待测样品，一般用带磨口塞的广口瓶保存半年至1年。样品袋（瓶）上的标签须注明样品编号、采样地点、土类名称、采样日期、采样人、筛孔等项目。

2.4.1.6 特殊土样的采集

(1) 盐碱土盐分动态样品的采集

盐碱土中盐分的变化沿垂直方向更为明显，既不能采用混合样品，也不能按发生层次采样，而是自地表起按每10cm或20cm分层，在每层中部位置分别取土，依次编号。

(2) 障碍因素诊断土样的采集

农户常常送来有问题的土壤，要求进行分析和诊断。这些问题大致是某些营养元素（大量元素、微量元素）不足，或酸碱问题，或某种有毒物质的存在，或土中水分过多，或底土层有坚硬不透水层的存在，等等。为了查证作物生长不正常的土壤原因，就要采集典型样品，即不仅要采集表土样品，也要采集底土样品。同时，要采集作物生长正常的土壤样品，这样可以比较，以利诊断。

(3) 湖沼土或生长期水稻土的采集

若在水稻生长期间地表淹水情况下采集土样，应注意地面要平，确保采样深度一致，否则会因为土层深浅的不同而使表土速效养分含量产生差异。取湖沼土或烂泥状水稻土混合样时，四分法难以应用，可将所采集的样品放入塑料盆中，用塑料棒将各采样点的烂泥搅拌均匀后再取出所需数量的样品。

(4) 茶园、果园土样的采集

茶树、果树属木本植物，1年多次施肥，且施肥部位集中。采样时应注意时间、位置和深度。测土施肥中，一般在收获后至施基肥前，在非施肥部位采样，深度为30～40cm。

2.4.2 沉积物样品

2.4.2.1 布点原则

沉积物的检测与水质检测一般同时进行，故其布点方法基本参考水质检测的布点原则，但要考虑到沉积物环境与水力学的关系。在水流急的地方，水力搬运强，沉积物颗粒少而粗；在水流缓慢的地方，水力搬运弱，沉积物多，颗粒较细，吸附能力强，污染程度也可能较严重。

采样点的数量根据沉积物污染调查的要求而定。如做概况调查，河流在排污口下游50～1000m范围内，视水流及淤泥情况而定。对海域和湖泊来说，按调查范围的大小和污染程度均匀地设置若干个有代表性的采样点，但在排污口附近密度应加大。如做细致调查，河流应在排污口下游按10～15m的方格布点，湖泊和海洋则按300～500m方格网设置采样点，河口淤泥区采样点也应加密。

2.4.2.2 沉积物样品的采集

（1）采样器

① 蚌式采样器　蚌式采样器是一对蚌式的铁勺，以绳子挂于活钩上，采样时将采样器沉于水底，当铁勺与水底接触后，放松挂绳，活钩自行脱落，当向上提拉时，绳子将铁钩拉紧，因重力关系铁勺自行夹拢，沉积物便夹在容器内。蚌式采样器适宜采集表层松软的沉积物。

② 三角筒采样器　由不锈钢制成的三角筒，筒口有向外倾斜的锯齿，三角筒采样器是在船低速行驶时以拖拽方式刮取表层样品，适用于沙质沉积物及淤泥沉积物的取样，采样厚度为几厘米。

③ 柱状采样器　适用于采集海底或湖底以下一定深度的柱状样品，广泛采用的是重力活塞采样器。采样时，用绞车使采样器以常速降至距海底3～5m处，然后全速降至海底，立即停车。此后再慢速提升，离底后快速提至水面。测量样管打入沉积物的深度，然后把样品分层按顺序放在样板上，待用。

（2）样品采集

采集沉积物的办法主要有两种。一种是直接挖掘的办法，这种方法适用于大量样品的采集，或者是一般需求样品的采集。在无法采到很深的河、海、湖底泥的情况下，亦可采用沿岸边直接挖掘的方法。但是采集的样品极易相互混淆，当挖掘机打开时，一些不粘的泥土组分容易流走，这时可以采用自制的工具采集。另一种是用类似岩心提取器的采集装置进行采集，适用于采样量较大而不相互混淆的样品，用这种装置采集的样品同时也可以反映沉积物不同深度层面的情况。使用金属采样装置，需要内衬塑料内套以防止金属沾污。当沉积物不是非常坚硬难以挖掘时，甲基丙烯酸甲酯有机玻璃材料可用来制作提取装置。这种装置外形是圆筒状的，高约50cm，直径约5cm，底部略微倾斜，以便在水底用手将其插进泥土或使用锤子将其敲进泥土内。取样时底部采用聚乙烯盖子封住。对于深水采样，需要能在船上操作的机动提取装置，倒出来的沉积物可以分层装入聚乙烯瓶中贮存。若分析项目中有硫化物，则要将一部分样品装入广口瓶中，加入少量10%醋酸锌，放入冰箱中保存。其他部分可以装入广口瓶或塑料袋中，置于冰箱中备用。形态分析用的沉积物要求放置于惰性气体保护的胶皮套箱中以避免氧化。岩心提取器采集的沉积物样品可以利用气体压力倒出，分层放于聚乙烯容器中。

悬浮沉积物的采集最好使用沉积物采集阱，这种采集阱的设计对其采集效率有很大影响。

采样量至少大于1000g，若一次采集质量不满1000g，则需清洗采样器继续采集。

2.4.2.3 沉积物的预处理和贮存

由于沉积物的颗粒通常大小不一，因而一般先进行初步的物理分离，以分出岩石的碎片等大块物质。可以过滤样品，但应使用聚乙烯或尼龙材料，避免使用金属材料。

将样品在110℃下干燥后过筛容易损失一些挥发性组分，如汞等。风干会影响铁的形态分析结果，也影响pH值和离子交换能力。因而，形态分析最好使用混合均匀的没有干燥的沉积物或土壤样品。

干燥的沉积物样品可以贮存在塑料或玻璃容器里，各种形态和金属元素含量不会发生变化。湿的样品最好在4℃保存或冷冻贮存。干燥过程，即使在室温下，也容易引起土壤结构及化学性质的变化，这对于形态分析是至关重要的。因此，样品最好密封在塑料容器中并冷冻存放。这样做起码可以避免铁的氧化，但这容易引起沉积物样品中金属元素分布的变化。

第3章 地质样品有机物分析前处理技术

3.1 概述

样品预处理是指样品制备、样品分解和溶解及对待测组分进行提取、净化、浓缩的过程，使待测组分转变成可测定的形式以进行定性定量分析。

一个完整的有机物分析过程，从采样开始到得出报告，有如下五个步骤：样品采集、样品前处理、分析测定、数据处理、形成检测报告。通常实际样品的基体十分复杂，待测物浓度往往较低，因此，测定前进行样品前处理是必要的。随着科学技术的发展，分析测试仪器已经发展到了相当高的水平，这其中包括分析仪器的微型化、一体化、自动化。但是，相比而言，样品前处理技术发展相对滞后。在有机物分析步骤中，相比于整个分析过程所需的时间，各步骤所需的时间：样品采集约占6%、样品前处理约占61%、分析测试约占6%、数据处理与形成检测报告约占27%。由此可见，样品前处理是最耗费时间的部分，大概占整个分析测试时间的2/3，是分析测试过程中的一个十分重要的步骤。样品前处理还是分析误差的主要来源，直接影响测试结果的准确性，若选择的预处理方法不当，常常使某些组分损失或干扰组分的影响不能完全除去或引入新的杂质等。因此，样品前处理技术是制约有机物分析发展的重要因素之一。

样品前处理的目的是，分离复杂基质与待测物，降低干扰，富集待测定的组分，改善待测物的稳定性、挥发性以及提高检测仪器的灵敏度。目前，新的分析仪器灵敏度的大幅度提高及分析对象基体的复杂化，就要求能够分析测试成分复杂、目标分析物浓度低、稳定性随时空变化而不断变化的样品，这对样品的前处理提出了更高的要求。在众多的分析检测技术中，色谱分析技术在有机分析领域扮演着重要的角色，它在痕量、超痕量物质，特别是在痕量有机物的分析检测中占据着极其重要的地位。由于样品基体的多样化和仪器条件的限制，样品一般不能直接用色谱仪器进行分析，常常需要进行前处理。样品制备与前处理是色谱分析过程中不可缺少的，也是最耗时、最容易引起误差的环节。

在色谱分析中，一般样品前处理主要包括分离、富集、衍生化、浓缩净化等步骤，常用的样品前处理的方法有很多，例如，传统经典的液-液萃取、索氏提取、固相萃取，还有后来发展起来的固相微萃取、吹扫捕集、加速溶剂萃取、超临界流体萃取、超声波辅助萃取、微波辅助萃取、液相微萃取等。

3.2 液-液萃取

液-液萃取（liquid-liquid extraction，LLE）是分析液体试样中有机物的传统前处理方法。它利用试样中有机物在互不相溶的两种溶剂中溶解度和分配系数的差异来达到分离、提纯或浓缩的目的。在大多数情况下，两种互不相溶的溶剂分别是水和有机溶剂，按照“相似相溶”的原理，亲水性强的物质在水相中的溶解度较大，在有机相中的溶解度较小；反之，疏水性强的物质在有机相中的溶解度较大，而在水相中的溶解度较小。

液-液萃取应用范围较广，技术成熟，处理试样量较大，萃取较完全。但液-液萃取也存在操作烦琐，耗时较长，不易于自动操作，有机萃取剂消耗量大，给环境造成污染等缺点，在萃取较脏的水样时有时会存在形成乳浊液或沉淀等问题。

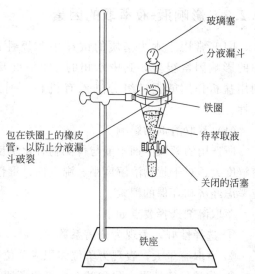

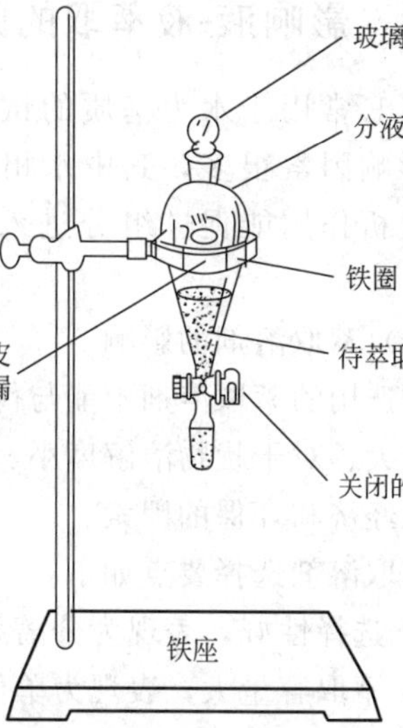

图 3-1　液-液分配萃取装置

3.2.1　液-液萃取方式

3.2.1.1　液-液分配萃取

液-液分配萃取所用的装置如图 3-1 所示。操作时应当选择容积较液体试样体积大 1 倍以上的分液漏斗，关好活塞，将含有有机物的试样溶液和萃取溶剂依次自上口倒入分液漏斗中，塞好塞子。一般情况下，萃取溶剂的体积约为试样溶液的 30%～35%。然后取下分液漏斗进行振荡，开始时振摇要慢，每振摇几次之后要将漏斗下口向上倾斜，打开活塞，使气体逸出。之后将活塞关闭再进行振荡。如此反复直至放气时只有很小的压力，再剧烈地振摇 3～5min，之后将分液漏斗放回漏斗架上静置。待漏斗中两层液相完全分开后，分出有机相，将水相再用新鲜的溶剂进行萃取，萃取次数取决于待测物在两相中的分配系数，一般为 3～5 次，将所有的萃取液合并，浓缩后测定。如果长时间静置溶液仍不能清晰分层，是由于两相界面附近形成了乳浊液所致，可以加入适量电解质如硫酸钠或醇类化合物，改变溶液的表面张力，也可以通过调节溶液的 pH 值予以解决。在操作过程中应该避免猛烈振摇而增强乳化现象。所用的萃取溶剂，应对被测物质溶解度大，对杂质溶解度小，沸点低，毒性小，化学稳定性好，密度适当。

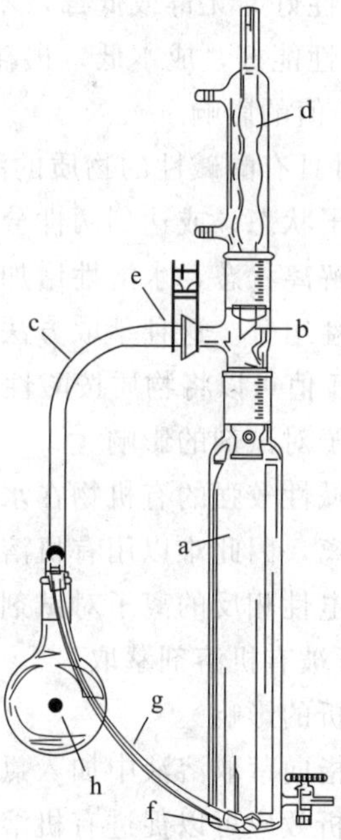

图 3-2　连续液-液萃取装置

a—萃取室；b—玻璃三通；c—侧连接管；d—冷凝管；e—球形接口及夹具；f—接头；g—管线；h—圆底烧瓶

3.2.1.2　连续液-液分配萃取

在液-液萃取中，萃取次数过多，一方面需要消耗大量有机溶剂，另一方面萃取合并液总体积太大，灵敏度下降。连续液-液萃取技术在一定程度上解决了上述问题。图 3-2 所示为连续液-液萃取装置的结构。采用比水重的有机溶剂萃取，萃取溶剂不断被加热蒸馏，在冷凝管中冷凝，经过待萃取的水相，萃取水相中待萃取物后回流至烧瓶中。有机溶剂可反复利用，多次萃取，提高富集倍数。与 LLE 相比，连续液-液萃取具有不需人工操作、溶剂用量少和萃取效率高的优点，但在蒸发过程中高挥发性有机化合物可能损失，热不稳定化合物也可能降解。

3.2.2 影响液-液萃取的因素

LLE 常用于水为基质的试样中非极性或弱极性组分的萃取。在萃取过程中需要考虑的影响因素很多，其中水相的 pH 是重要的参数。有时加入一些无机盐（如氯化钠），利用盐析作用能促进组分进入有机相。通过选择合适的有机溶剂能有效提高萃取的选择性。

（1）萃取溶剂的影响

所选用的萃取溶剂不能与待测物有化学反应，应根据“相似相溶”原理，选择对待测物溶解度大、对干扰物溶解度小、沸点低、毒性小、化学稳定性好和密度适当的溶剂，同时也应考虑经济和环保的因素。

萃取溶剂选择要点如下：

① 选择性好，表现为分离系数大。

② 萃取容量大，表现为单位体积或单位质量溶解有机物多。

③ 化学稳定性强，耐酸碱，抗氧化还原，耐热，无腐蚀。

④ 易与原料液相分层，不乳化，不产生第三相。

⑤ 易于反萃取或分离，便于萃取溶剂的重复利用。

⑥ 安全性好，无毒或低毒，不易燃，难挥发，环保。

⑦ 经济性能好，成本低，损耗小。

（2）pH 值的影响

pH 值对具有酸碱性的物质的溶解性或分配系数影响很大。调节 pH 值使组分在水相中处于中性分子状态，或达到两性分子的等电点，水溶性降低，易被有机溶剂萃取；调节 pH 值使组分呈解离状态，水溶性增加，根据这种性质可使用酸性或碱性溶液从有机溶剂中反萃取碱性或酸性组分。这种萃取方法能选择性地除去中性、酸性或碱性杂质，提高萃取效率。通过调节 pH 值可以将物质按酸性、碱性和中性进行分组。

（3）离子对试剂的影响

酸性或碱性较强的有机物在水中解离为亲水性很高的离子，通过控制 pH 值不能完全抑制它们的解离，因此难以用有机溶剂进行萃取净化。但是，可以向呈解离状态的待测物溶液中加入与其电性相反的离子对试剂，两者结合形成具有一定脂溶性的离子对（一种电中性的络合盐），可被有机溶剂萃取。

（4）盐析的影响

盐析是指向萃取溶液中加入氯化钠、硫酸钠等中性强电解质时，这些盐有利于溶质的析出。利用盐析效应可以促进有机溶剂的萃取，降低乳化现象，有利于有机相与水相的分离。

（5）乳化现象的影响

在液-液萃取中乳化现象经常发生，特别是那些含有表面活性剂和脂肪的试样。收集欲测组分必须先进行破乳。常用于破乳的技术有：加盐；使用玻璃棉塞过滤乳化液试样；使用加热-冷却萃取装置；利用滤纸过滤乳化溶液试样；通过离心作用破乳；加入少量不同的有机溶剂而改变其表面张力破乳。

如果溶剂不纯净，可以使用高纯度的溶剂或在实验室里重新蒸馏溶剂。

3.3 索氏提取

索氏提取（Soxhlet extraction）是一种经典的试样前处理技术，是目前实验室广泛使用的试样前处理方法之一。该方法设备便宜，操作容易，不需过滤，可处理大量试样。但索氏提取需要时间长，消耗有机溶剂量大，而且长时间的提取会导致热不稳定成分发生分解和挥发，影响实验结果的准确性。

常见的有经典索氏提取和自动索氏提取两种类型。

3.3.1 经典索氏提取

实验室多采用经典索氏提取装置（又称脂肪提取器）来提取待测物。经典索氏抽提装置如图 3-3 所示，它是利用溶剂回流及虹吸原理，使固体物质连续不断地被纯溶剂萃取。既节约溶剂，萃取效率又高。萃取前先将固体物质研碎，以增加固-液接触的面积。然后将固体物质放在试样套管（一般用滤纸）内，置于提取器中，提取器的下端与盛有溶剂的圆底烧瓶相连，上面接回流冷凝管。加热圆底烧瓶，使溶剂沸腾，蒸气通过提取器的支管上升，被冷凝后回滴入提取器中，溶剂和固体接触进行萃取；当溶剂面超过虹吸管的最高处时发生虹吸，提取管中的溶剂流回圆底烧瓶内。圆底烧瓶被加热，再次回流开始，每次虹吸前固体物质都能被纯的热溶剂所萃取；溶剂反复利用，使固体物质不断被纯的溶剂所萃取，将萃取出的物质富集在烧瓶中。

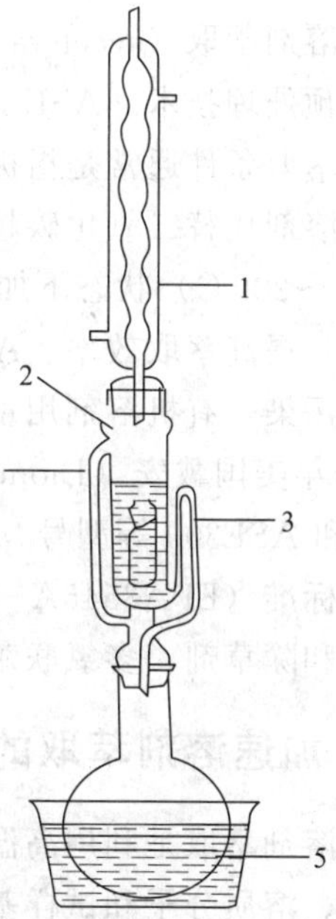

图 3-3 经典索氏提取器

1—冷凝管；2—提取管；3—虹吸管；4—连接管；5—提取瓶

3.3.2 自动索氏提取

自动索氏提取装置的基本结构与经典索氏提取装置的结构相似，自动索氏提取装置中试样套管的位置可以上下调节，装置如图 3-4 所示，但是工作程序与经典索氏提取存在很大差异，自动索氏提取的工作程序分成 3 个阶段。第一阶段，试样套管浸泡在热的溶剂中，大约萃取 60min；第二阶段，试样套管提升离开溶剂液面，此时其工作的原理和传统索氏提取完全一样，靠冷凝的溶剂来萃取试样，也是大约萃取 60min；第三阶段，蒸发浓缩溶剂，大约 15min。

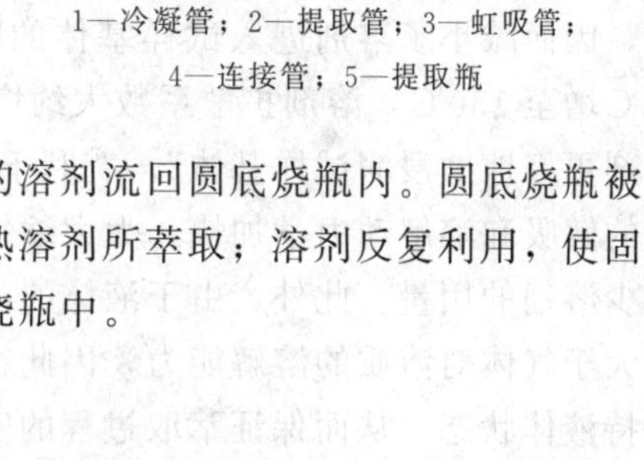
图 3-4 自动索氏提取器

自动索氏提取装置的优势在于：第一阶段时，

试样的萃取是在接近其沸点的溶剂中完成的，萃取效率大大提高；第三阶段在同一套装置内完成了溶剂的浓缩，减少了后续工作步骤。自动索氏提取装置在 2h 作业时间内可以达到传统索氏提取 12～24h 的提取效率。

3.4 加速溶剂萃取

加速溶剂萃取（accelerated solvent extraction，ASE）是近年发展起来的一种固体或半固体试样预处理技术。ASE 是通过改变萃取条件来提高萃取效率和加快萃取速度的萃取方法。改变萃取条件通常是指提高萃取剂的温度和压力。它与超临界流体萃取最大的不同是，使用有机溶剂代替二氧化碳超临界流体，使其在高压（10.3～20.6MPa）和高温（较常压的沸点高 50～200℃）状态下加速萃取过程。利用升高的温度和压力，增加物质溶解度和溶质扩散速率，提高萃取效率。ASE 突出的优点是整个操作处于密闭系统中，减少了溶剂挥发对环境的污染，有机溶剂用量少，速度快，回收率高，并以自动化方式进行萃取。

1996 年美国戴安（Dionex）公司推出了 ASE 系列加速溶剂萃取仪，开发出 ASE100、ASE200 和 ASE300 等型号，这是对分析试样前处理技术的一次改革。加速溶剂萃取已被美国制定成标准（EPA3545A—2007），可用于下列物质的萃取：碱性、中性和酸性物质，氯化杀虫剂和除草剂、多氯联苯（PCBs）、有机磷杀虫剂、二噁英、呋喃以及石油总烃。

3.4.1 加速溶剂萃取的原理和仪器结构

加速溶剂萃取是利用高温高压技术进行提取的技术。提高的温度能极大地减弱由范德华力、氢键、溶质分子和试样基体活性位置的偶极吸引力所引起的溶质与基体之间强的相互作用，加速了溶质分子的解吸动力学过程，减少了解吸过程所需的活化能，降低了溶剂的黏度，因而减小了溶剂进入试样基体的阻滞，增加了溶剂进入试样基体的扩散速率。温度从 25℃增至 150℃，溶剂扩散系数大约增加 2～10 倍，降低溶剂和试样基体之间的表面张力，溶剂更好地“浸润试样基体”，有利于被萃取物与溶剂的接触。因此，高温使待测物从基体上的解吸和溶解动力学加快，大大缩短提取时间，同时加热的溶剂具有较强的溶解能力，可减少溶剂的用量。此外，由于液体的沸点一般随压力的升高而升高，液体对溶质的溶解能力远大于气体对溶质的溶解能力，因此在萃取过程中保持一定的压力可提高溶剂的沸点，使其保持液体状态，从而保证萃取过程的安全性，提高温度使溶剂溶解待测物的能力增强。

加速溶剂萃取仪主要由溶剂瓶（带有多元溶剂自动混合器）、泵、气路系统、加热炉、不锈钢萃取池和收集瓶组成，如图 3-5 所示。将试样装入萃取池，放到圆盘式传送装置上，设置好萃取条件，自动完成萃取过程。溶剂瓶一般由 4 个瓶组成，每个瓶可装入不同的溶剂，可选用不同溶剂先后萃取相同的试样，也可用同一溶剂萃取不同的试样。如戴安 ASE200/ASE300 型加速溶剂萃取仪可以同时装入 24 个萃取池和 26 个收集瓶。

3.4.2 加速溶剂萃取技术的影响因素及特点

影响加速溶剂萃取效率的因素包括萃取温度、萃取压力、萃取时间、溶剂的选择和热降解。

（1）萃取温度

提高萃取温度可以提高萃取效率，其原理在前面已经介绍。Sekine 等认为，在低温低压

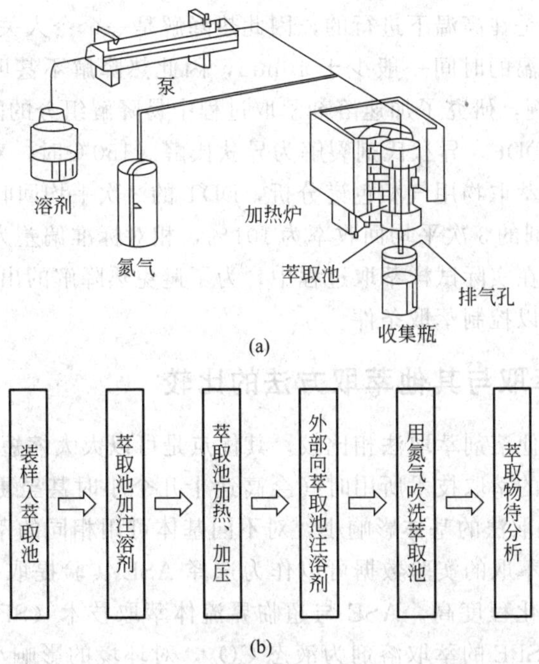

图 3-5 ASE 装置示意图（a）及操作流程（b）

下，溶剂易从“水封微孔”中被排斥出来，然而当温度升高时，由于水的溶解度的增加，提高了这些微孔的可利用性。溶解容量的增加和溶剂扩散速率的加快，都有利于提高萃取效率。

（2）萃取压力

液体的沸点一般随压力的升高而升高。例如，丙酮在常压下的沸点为 56.13℃，而在 5atm（1atm＝101325Pa）下，其沸点高于 100℃。增加压力不仅使溶剂在提高的温度下仍保持溶剂为液态，同时可迫使溶剂进入在常压下接触不到的基质部位，有利于将溶质从基质的微孔中萃取出来。在加压下，可将溶剂迅速加到萃取池和收集瓶中。

（3）萃取时间

萃取时间也就是静态萃取时间，即在一定温度、压力下萃取过程持续的时间。通常萃取时间越长，萃取效率越高，一般小于 10min。对难提取的试样还可以通过增加静态萃取循环次数的方式提高萃取效率，多数化合物一个循环就可以得到较高的回收率。

ASE 萃取前，为了使试样更好地分散，扩大与提取剂的接触面积并节省溶剂，可用硅藻土、无水 Na_2SO_4 或石英砂作分散剂，与试样充分混合。

（4）溶剂的选择

在任何使用溶剂的萃取方法中，溶剂的选择都是非常重要的。在加速溶剂萃取中，萃取溶剂可以根据常规萃取方法的溶剂选择原则进行选择。大都选用混合溶剂，因为若单独使用非极性溶剂作萃取剂则萃取效率较低。使用多元混合溶剂时，仪器自动混合，减少了毒性溶剂对操作者的危害。Saim 等比较了用不同溶剂萃取土壤中的 PAHs，结果发现用丙酮、二氯甲烷、甲醇、乙腈和正己烷-丙酮（体积比 1∶1）得到了相似的数据，而用正己烷作萃取剂得到了较低的回收率（84%）。

(5) 热降解

由于加速溶剂萃取是在高温下进行的，因此热降解是一个令人关注的问题。加速溶剂萃取是在高压下加热，高温的时间一般少于10min，因此热降解不甚明显。Richter 等曾试验以 DDT 和异狄氏剂为例，研究了加速溶剂萃取过程中易降解组分的降解程度。DDT 在过热状态下裂解为 DDD 和 DDE，异狄氏剂裂解为异狄氏醛。150℃时，对加入萃取池内的 DDT 和异狄氏剂进行萃取。萃取物用气相色谱分析，DDT 的 3 次平均回收率为103%，相对标准偏差为3.9%；异狄氏剂的3次平均回收率为101%，相对标准偏差为2.4%。在测定时未发现有降解产物的存在。在实际试样萃取过程中，为了避免热降解的出现，有时会在分析物中加入易降解的物质，借以控制萃取条件。

3.4.3 加速溶剂萃取与其他萃取方法的比较

加速溶剂萃取与其他溶剂萃取法相比较，其优点是可以大大缩短提取时间和明显降低萃取溶剂的使用量。经典的萃取技术所用时间会高达十几个小时甚至更多，而 ASE 技术通常只要几十分钟。ASE 提取法的基体影响小，对不同基体可用相同的萃取条件，萃取效率高，选择性好；已有的溶剂萃取的实验数据可以作为选择 ASE 实验提取条件的依据，方法转换方便，安全性好，自动化程度高。ASE 与超临界流体萃取技术（SFE）相比，二者的萃取效率相近，原理相似。SFE 的萃取溶剂为液态 CO_2，对环境的影响小，ASE 使用常规的有机溶剂萃取，对环境有毒害作用；SFE 和 ASE 的设备都较昂贵，ASE 仪器操作比 SFE 简单。

加速溶剂萃取的提取效率现已得到广泛的认可，认为它可以代替索氏提取。除美国 EPA3545A—2007 标准方法外，我国的国家标准 GB 23200.9—2016 中，快速溶剂萃取仪被确定为“粮谷中475种农药多残留测定方法”中指定提取用仪器。

加速溶剂萃取由于其突出的优点，已在环境、药物、食品和聚合物工业等领域得到广泛应用，特别是在环境分析中，已广泛用于土壤、污泥、沉积物、大气颗粒物、粉尘、动植物组织、蔬菜和水果等试样中多氯联苯、多环芳烃、有机磷（或氮）、农药、苯氧基除草剂、三嗪除草剂、柴油、总石油烃、二噁英、呋喃和炸药（TNT、RDX 和 HMX）等物质的萃取。

3.5 超临界流体萃取

超临界流体萃取（supercritical fluid extraction，SFE）是20世纪70年代开始用于工业生产中有机化合物萃取的，它是用超临界流体作为萃取剂，从各种组分复杂的样品中，把所需要的组分分离提取出来的一种分离提取技术。用于色谱样品处理中，可从复杂样品中将欲测组分分离提取出来，制备成适合于色谱分析的样品。

3.5.1 超临界流体萃取的基本原理

任何一种物质随着温度和压力的变化都会以三种状态存在，也就是人们常说的三种相态：气相、液相、固相。气相、液相、固相之间是紧密相关的，同时三者之间也是可以相互转化的。在一个特定的温度和压力条件下，气相、液相、固相会达成平衡，这个三相共存的特定状态点，通常就叫三相点。而液、气两相达成平衡状态的点称为临界点，临界点的温度和压力就称为临界温度和临界压力。图 3-6 给出了 CO_2 的相图。不同的化学物质其本身的特性千差万别，因此其临界点所要求的压力和温度会有很大的差异。

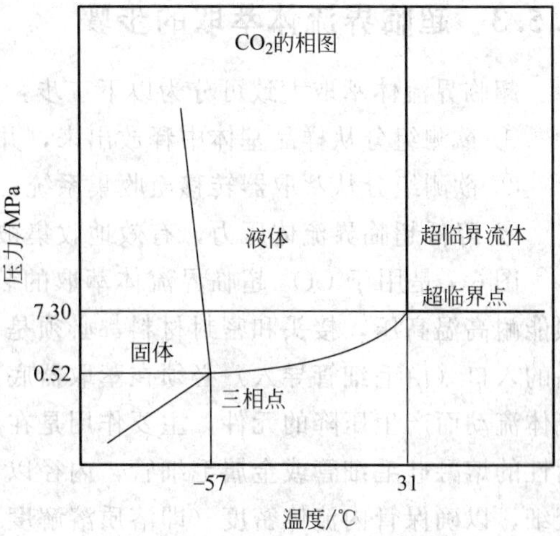

图 3-6　CO_2 的相图

超临界流体萃取的基本原理是在高于临界温度和临界压力的条件下，用超临界流体溶解出所需的化学成分，然后降低流体溶液的压力或升高流体溶液的温度，使溶解于超临界流体中的溶质因密度下降溶解度降低而析出，从而实现特定溶质的萃取。超临界流体是介于气体和液体之间的一种非气态，又非液态的物质。这种物态只能存在于温度和压力都超过其临界点的情况下。超临界流体的性质，如密度、黏度和扩散度等，都处于气体和液体之间，超临界流体的密度与液体相近，大致是气体的 100～1000 倍，因此超临界流体的分子间作用力比气体强，它与溶质分子的作用力也很强，与液体一样，很容易溶解其他物质。另外，超临界流体的黏度即使在 40MPa 下也只略高于气体，溶质在超临界流体中的扩散系数比在液体中大得多，传质速率很高，这也有利于物质在超临界流体中的溶解。同时超临界流体的表面张力很小，很容易穿进样品基质内，并能保持较高的流速，可使萃取过程在高效、快速和相对经济的条件下完成。所以超临界流体是一种十分理想的萃取溶剂。

3.5.2　超临界流体萃取的影响因素

超临界流体的温度略高于临界温度时，超临界流体的压缩系数最大，此时压力的微小变化就能导致它密度的变化，调节压力就可以控制它的密度，就可以控制它对溶质的溶解能力。这样，在稍高于临界温度的情况下，改变超临界流体的压力，就可以把样品中的不同组分按它们在超临界流体中的溶解度大小不同而先后萃取出来。在低压下溶解度大的组分先被萃取，随着压力增加，难溶组分逐渐与基体分离而被萃取。所以利用程序升压，超临界流体不但可以从复杂样品中萃取各种组分，而且也可以使这些组分得到初步的分离。

温度的变化也可以改变超临界流体的萃取能力。这是由于随温度变化超临界流体的密度和被萃取溶质的蒸气压都在改变。在低温区（仍在临界温度之上），温度升高，超临界流体密度下降，降低了样品在流体中的溶解度，而此时被萃取溶质的蒸气压升高并不多，这将导致萃取能力的降低。当温度进一步升高，进入高温区时，虽然温度升高，流体的密度仍在降低，但此时被萃取的溶质的蒸气压迅速升高，挥发度提高，这时的萃取能力不但不会下降，反而有增加的趋势。

根据上述压力和温度对超临界流体萃取能力的影响，针对被萃取溶质的极性和分子大小，可以选择一个最佳的温度和压力来进行萃取。

除温度和压力外，在超临界流体中加入少量其他溶剂也可改变它对被萃取溶质的溶解能力。其作用机理至今尚未完全清楚。通常加入量不超过 10%，而且以极性溶剂，如甲醇、异丙醇居多。少量其他溶剂的加入，可使超临界萃取技术的使用范围进一步扩大到极性较大的化合物。

3.5.3 超临界流体萃取的步骤

超临界流体萃取大致可分为以下三步：

① 欲测组分从样品基体中释放出来，并扩散、溶解到超临界流体中；

② 欲测组分从萃取器转移至收集系统；

③ 降低超临界流体压力，有效地收集被萃取的欲测组分。

图 3-7 是用于 CO_2 超临界流体萃取的装置，典型的小型萃取器体积为 0.1～10mL，必须能耐高温高压，接头和密封材料都必须是化学惰性的物质，在操作条件下不变形。液体样品的入口（由毛细管导入）必须在萃取器底部，出口在上部。所用节流器（液压系统中节制流体流动而产生压降的元件，主要作用是在流体管道上保证出口压力的恒定）通常是一根去活性的熔融硅毛细管或金属毛细管，内径以 15～30μm 为宜，毛细管出口一端制成卷曲状或变细，以确保管内流体密度（即溶质溶解度）不变。

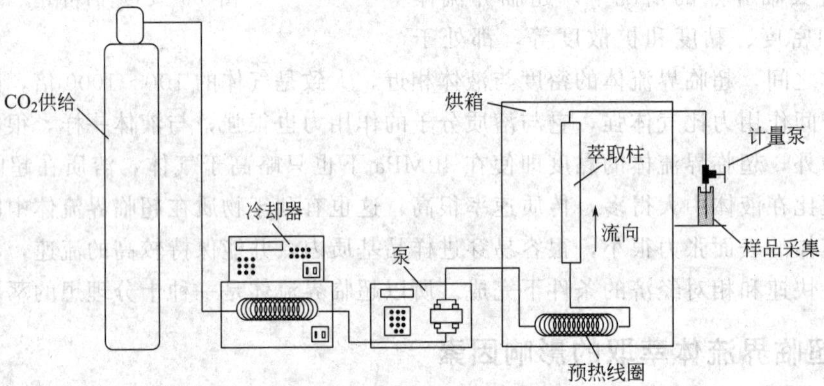

图 3-7 CO_2 超临界流体萃取装置示意图

SFE 过程的主要设备是由高压萃取器、分离器、换热器、高压泵（压缩机）、储罐以及连接这些设备的管道、阀门和接头等构成。另外，因控制和测量的需要，还有数据采集、处理系统和控制系统。

SFE 有三种收集技术即溶剂捕集法、吸附剂吸附捕集法和固体表面冷冻捕集法。吸附剂吸附捕集后需用适当的溶剂洗脱或加热解吸。

可作为超临界萃取中萃取剂的物质很多，如二氧化碳、氧化亚氮、六氟化硫、乙烷、甲醇、氨和水等。但用超临界萃取方法提取天然产物时，一般用二氧化碳（CO_2）作萃取剂。因为 CO_2 的临界温度（31℃）接近室温，对易挥发或具有生理活性的物质破坏较少。同时，CO_2 安全无毒，萃取分离可一次完成，无残留，适用于食品和药物的提取。CO_2 液化压力低，临界压力（7.30MPa）适中，容易达到超临界状态也是重要原因。

3.5.4 超临界流体萃取的特点

超临界萃取技术的特点与优势有以下几点：

① 可在接近常温下完成萃取工艺，适合对一些对热敏感、容易氧化分解、易被破坏的成分进行提取和分离。

② 在最佳工艺条件下，能将待提取的成分几乎完全提出，从而提高产品的收率和资源

的利用率。

③ 萃取工艺简单，无污染，分离后的超临界流体经过精制可循环使用。

超临界流体萃取的操作方式可分为动态、静态、循环萃取三种。动态法是超临界流体萃取剂一次直接通过样品萃取管，使被萃取组分直接从样品中分离出来，进入吸收管。它简单、方便、快速，特别适用于萃取那些在超临界流体萃取剂中溶解度很大，而且样品的基体又很容易被超临界流体萃取剂渗透的样品。静态法是将被萃取的样品浸泡在超临界流体萃取剂中，经过一定的时间后再把含有被萃取溶质的萃取剂流体输入吸收管。它没有动态法那么快速，但适用于萃取那些与样品基体较难分离或在萃取剂中溶解度不大的物质，也适用于基体较为致密、超临界流体萃取剂不易渗透的样品。循环法是将超临界流体萃取剂先充满装有样品的萃取管，然后用循环泵使萃取管内的流体反复、多次通过管内萃取样品，最后输入吸收管。超临界流体萃取技术还可以与色谱仪器实现在线联用。已有的联用技术有 SFE-GC、SFE-SFC、SFE-HPLC 和 SFE-MS 等。

由于高效、快速、后处理简单等原因，超临界流体萃取作为色谱样品的制备方法具有经典方法无法比拟的优点，它可以缩短处理时间 1～2 个数量级，避免使用大量溶剂，降低样品被污染的可能性，特别适合于环境与生物等组成复杂、组分易变的样品分析。超临界流体萃取主要以处理固体样品为主，包括土壤、岩石、沉积底泥、生物组织、大气颗粒物、飞灰等。被萃取的溶质有农药、多环芳烃、多氯联苯、石油烃、酚类、有机胺等。

3.6 超声波辅助萃取

3.6.1 超声波辅助萃取的原理

超声波辅助萃取（ultrasonic assisted extraction，UAE）是利用超声波辐射压强产生强烈的空化效应、机械振动和扰动效应，利用高的加速度、乳化、扩散、击碎和搅拌作用等多级效应，增大物质分子运动频率和速度，增加溶剂的穿透力，从而加速目标成分进入溶剂，促进提取进行。超声波（频率介于 20kHz～1MHz）是一种弹性机械振动波，本质上与电磁波不同。因为电磁波（包括无线电波、红外线、可见光或紫外线、X 射线和 γ 射线等）能在真空中传播，而超声波必须在介质中才能传播，其穿过介质时，形成包括膨胀和压缩的全过程。超声波能产生并传递强大的能量，给予介质如固体小颗粒极大的加速度。这种能量作用于液体里，振动处于稀疏状态时，超声波在某些样品如植物组织细胞里比电磁波穿透更深，停留时间更长。在液体中，膨胀过程形成负压。如果超声波能量足够强，膨胀过程就会在液体中生成气泡或将液体撕裂成很小的空穴。这些空穴瞬间即闭合，闭合时产生高达 3000MPa 的瞬间压力，称为空化作用，整个过程在 400μs 内完成。这种空化作用可细化各种物质以及制造乳液，加速目标成分进入溶剂，极大地提高提取率。除空化作用外，超声波的许多次级效应也都利于目标成分的转移和提取。

1894 年 Thornycroft 等首次描述了成穴现象。成穴现象的重要意义不在于气泡是怎样形成的，而在于气泡破裂时所发生的一切。在某些点位，气泡不再有效吸收超声波能量，于是产生内爆。气泡或空穴里的气体和蒸汽快速绝热压缩产生极高的温度和压力。Suslick 等估计热点的温度高达 5000℃，压强约 100MPa。由于气泡体积相对液体总体积来说极微，因此产生的热量瞬间散失，对环境条件不会产生明显影响；空穴泡破裂后的冷却速度估计约为

1010℃/s。超声空穴提供能量和物质间独特的相互作用，产生的高温高压能导致游离基和其他组分的形成。据此原理，超声处理纯水会使其热解成氢原子和羟基，两者通过重组生成过氧化氢。当空穴在紧靠固体表面的液体中发生时，空穴破裂的动力学明显发生改变。在纯液体中，空穴破裂时，由于它周围条件相同，因此总保持球形；然而紧靠固体边界处，空穴的破裂是非均匀的，从而产生高速液体喷流，使膨胀气泡的势能转化成液体喷流的动能，在气泡中运动并穿透气泡壁。已观察到液体喷流朝固体表面的喷射速度为400km/h。喷射流在固体表面的冲击力非常强，能对冲击区造成极大的破坏，从而产生高活性的新鲜表面。破裂气泡形变在表面上产生的冲击力比气泡谐振产生的冲击力要大数倍。利用超声波的上述效应，从不同类型的样品中提取各种目标成分是非常有效的。施加超声波，在有机溶剂（或水）和固体基质接触面上产生的高温（增大溶解度和扩散系数）高压（提高渗透率和传输率），加之超声波分解产生的游离基的氧化能等，提供了高的萃取能。

3.6.2 超声波辅助萃取的影响因素和不足

与所有声波一样，超声波在不均匀介质中传播也会发生散射衰减。超声提取时，样品整体作为一种介质是各向异性的，即在各个方向上都不均匀，造成超声波的散射。因此，到达样品内部的超声波能量会有一定程度的衰减，影响提取效果。当样品量越大时，到达样品内部的超声波能量衰减越严重，提取效果越差。另一个显而易见的原因是，样品用量多，堆积厚度增大，试剂对样品内部的浸提作用就不充分，同样影响提取效果。样品粒度对超声提取效率有较大影响。在较大颗粒的内部，溶剂的浸提作用会明显降低。相反，颗粒细小，浸提作用增强。另外，超声波不仅在两种介质的界面处发生反射和折射，而且在较粗糙的界面上还发生散射，引起能量的衰减。资料表明，当颗粒直径与超声波波长的比值为1%或更小时，这种散射可以忽略不计。但当比值增大时，散射也增大，造成超声波能量大幅衰减。对于超声提取来说，提取前样品的浸泡时间、超声波强度、超声波频率及提取时间等也是影响目标成分提取率的重要因素。而且，超声提取对提取瓶放置的位置和提取瓶壁厚的要求较高，这两个因素也直接影响提取效果。

3.6.3 超声波辅助萃取与其他萃取方法的比较

与常规萃取技术相比，超声波辅助萃取具有快速、价廉和高效的特点。在某些情况下，甚至比超临界流体萃取和微波辅助萃取还好。与索氏萃取相比，其主要优点有：①成穴作用增强了系统的极性，包括萃取剂、分析物和基体，这些都会提高萃取效率，使之达到或超过索氏萃取的效率；②超声波辅助萃取允许添加共萃取剂，以进一步增大液相的极性；③适合不耐热的目标成分的萃取，这些成分在索氏萃取的工作条件下会改变状态；④操作时间比索氏萃取时间短。

在以下两个方面，超声波辅助萃取优于超临界流体萃取：①仪器设备简单，萃取成本低得多；②可提取很多化合物，无论其极性如何，因为超声波辅助萃取可用任何一种溶剂。超临界流体萃取事实上只能用CO_2作萃取剂，因此仅适合非极性物质的萃取。超声波辅助萃取优于微波辅助萃取体现在：①在某些情况下，比微波辅助萃取速度快；②酸消解中，超声波辅助萃取比常规微波辅助萃取安全；③多数情况下，超声波辅助萃取操作步骤少，萃取过程简单，不易对萃取物造成污染。

超声波辅助萃取快速、价廉、提取率高。在各种样品中，无论是对有机物还是无机物，

UAE都有较广泛的应用。但这种应用目前还多是手工操作，而且主要用在小型实验室，要用于大规模的工业生产，尚需解决工业设备放大的问题。尽管超声波辅助萃取技术的应用时间不长，但已受到广大分析工作者的关注。超声波辅助萃取可以说是一项符合可持续发展、对环境友好的“绿色技术”之一。

3.7 微波辅助萃取

微波辅助萃取（microwave assisted extraction，MAE）是指使用适合的溶剂在微波反应器中从矿物、天然植物或动物组织中提取各种有效成分的技术和方法。微波辅助萃取作为一种新型高效的提取分离技术，具有设备简单、适用范围广、萃取效率高、重现性好、污染小、节省时间和试剂等特点。微波辅助萃取是根据不同物质吸收微波能力的差异使得基体物质的某些区域或萃取体系中的某些组分被选择性加热，从而使得被萃取物质从基体或体系中分离，进入介电常数较小、微波吸收能力相对差的萃取剂中，达到提取的目的。

微波是一种频率在300MHz～300GHz之间的电磁波，它具有波动性、高频性、热特性和非热特性四大基本特性。常用的微波频率为2450MHz。微波加热是利用被加热物质的极性分子（如 H_2O、CH_2Cl_2 等）在微波电磁场中快速转向及定向排列，从而产生撕裂和相互摩擦而发热。传统加热法的热传递模式为热源→器皿→样品，因而能量传递效率受到了制约。微波加热则是能量直接作用于被加热物质，其模式为：热源→样品→器皿。空气及容器对微波基本上不吸收和反射，这从根本上保证了能量的快速传导和充分利用。

微波辅助萃取的特点体现在微波的选择性，因其对极性分子的选择性加热而实现其选择性地溶出。另外，MAE大大降低了萃取时间，提高了萃取速度，传统方法需要几小时至十几小时，超声提取法一般需要半小时到一小时，微波提取只需几秒到几分钟，提取速率提高了几十至几百倍，甚至几千倍。再者，MAE由于受溶剂亲和力的限制较小，可供选择的溶剂较多，同时减少了溶剂的用量。另外，微波提取如果用于生产，则安全可靠，无污染，属于绿色工程，生产线组成简单，并可节省投资。

微波辅助萃取体系根据萃取罐的类型可分为密闭式微波萃取系统和敞开式微波萃取系统。微波萃取设备的主要部件是特殊制造的微波加热装置、萃取容器以及根据不同要求配备的控压控温装置。对于密闭式微波萃取系统，至少应具有控压装置，若有控温和挥发性溶剂监测附件则更好。

提取是在密闭或敞开的微波透明容器中进行，提取溶剂和样品混合在里面，可同样接收到微波能。提取中化合物的分配（溶解到溶剂中）有两个步骤：从基质-溶剂界面脱吸，分析物扩散到溶剂中。温度和压力都会影响提取速率，出于安全考虑，对提取溶剂的温度进行监测很重要，应将温度测量与微波源的反馈控制结合起来实现这一监测。高温提取需在密闭的容器中完成，结果导致容器中的压力近200psi（14bar）。出于安全考虑，微波辅助萃取操作的溶剂体积一般少于50mL，提取时间一般低于30min。

由于许多有机溶剂具有易燃的性质，所以必须对这些溶剂在微波场中加热时可能引发的燃烧和爆炸给予高度重视。当极性有机溶剂或极性与非极性溶剂的混合物在密闭容器中被加热到超过其正常沸点时，压力通常会超过100psi，发生事故的可能性大大增加。每种微波溶剂提取设备都应具有多种安全特性，以防止微波室中发生任何可能的燃烧或爆炸。设计装置时，必须考虑到消除加热室内的点火源，保存溶剂，消除溶剂可能的泄漏。另外，组成微波溶剂提取密闭容器的材料应该能使电磁场（EM）射线透过并且不受溶剂腐蚀。设备必须能够监测和控制提取容器内的温度和压力以免容器过热或压力过大。

3.8 固相萃取

固相萃取（solid phase extraction，SPE）是从20世纪80年代中期开始发展起来的一项样品前处理技术。该技术由液-固萃取和液相色谱技术相结合发展而来，主要用于样品的分离、净化和富集，主要目的在于降低样品基质干扰，提高检测灵敏度。固相萃取技术是基于液-固相色谱理论，采用选择性吸附和选择性洗脱的方式对样品进行富集、分离和净化，是一种包括液相和固相的物理萃取过程；也可以将其近似地看作一种简单的色谱过程。从痕量样品的前处理到工业规模的化学分离，固相萃取作为化学分离和纯化的一种强有力的工具，在制药、精细化工、生物医学、食品分析、有机合成、环境和其他领域起着越来越重要的作用。

SPE是利用选择性吸附与选择性洗脱的液相色谱法分离原理。较常用的模式有三种：一是使液体样品通过吸附剂，保留其中的被测物质，再选用适当强度溶剂冲去杂质，最后用少量溶剂迅速洗脱被测物质，从而达到快速分离、净化与浓缩的目的；二是选择性吸附干扰杂质，而让被测物质流出；三是同时吸附杂质和被测物质，再使用合适的溶剂选择性洗脱被测物质。

在SPE中最常用的方法是将固体吸附剂装在一个针筒状柱子里，使样品溶液通过吸附剂床，样品中的化合物或通过吸附剂或保留在吸附剂上（依吸附剂对溶剂的相对吸附强弱而定）。

"保留"是一种存在于吸附剂和分离物分子间的吸引现象，造成当样品溶液通过吸附剂床时，分离物在吸附剂上不移动。保留是三个因素的作用：分离物、溶剂和吸附剂。所以，一个给定的分离物的保留行为在不同溶剂和吸附剂存在条件下是变化的。"洗脱"是一种保留在吸附剂上的分离物从吸附剂上去除的过程，通常通过加入一种对分离物的吸引作用比吸附剂更强的溶剂来完成。

吸附剂的容量是在最优条件下，单位吸附剂的量能够保留一个强保留分离物的总量。不同键合硅胶吸附剂的容量变化范围很大。选择性是吸附剂区别分离物和其他样品基质化合物的能力体现，也就是说，保留分离物去除样品中的其他化合物。一个高选择性吸附剂是从样品基质中仅保留分离物的吸附剂。吸附剂选择性是三个参数作用的结果：分离物的化学结构、吸附剂的性质和样品基质的组成。固相萃取的简要过程如图3-8所示：首先是固相萃取柱的预处理以及平衡固相萃取小柱；上样，待分析物和干扰物通过固相吸附剂，吸附剂选择性地保留分离物和一些干扰物，其他干扰物通过吸附剂；采用适当的溶剂淋洗，使保留的干扰物选择性地淋洗掉，分离物保留在固相吸附剂床上；洗脱及收集分析物质，采用合适的洗脱液体，将保留在固相吸附剂床上的待分析物从固相吸附剂上淋洗下来并收集。

目前常见的SPE填料共分为以下4类：

① 键合硅胶　C_{18}（封端）、C_{18}-N（未封端）、C_8、CN、NH_2、PSA、SAX、COOH、PRS、SCX、Silica和Diol。在SPE中最常用的吸附剂是硅胶或键合相的硅胶（即在硅胶表面的硅醇基团上键合不同的官能团）。其pH值适用范围2～8。键合硅胶基质的填料种类较多，具有多选择性的优点。

② 高分子聚合物　PEP、PAX、PCX、PS和HXN。20世纪90年代末，为了扩大反相

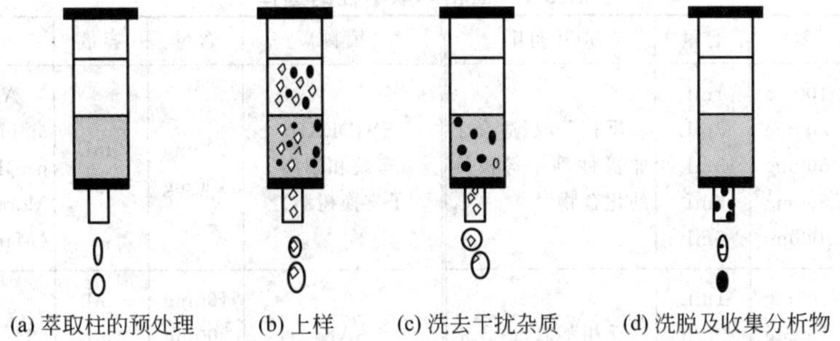

图 3-8　固相萃取的过程

◇—基体杂质；●—分析物

固相萃取材料的适用范围和改善吸附平衡，并提高重现性，以极性官能化高分子树脂为主体的新型反相固相萃取材料问世。此类填料是以乙烯吡咯烷酮和二乙烯苯共聚得到的高分子聚合物，由于吡咯烷酮极性官能团的引入，这类萃取柱对各类极性、非极性化合物具有均衡的吸附作用。此类填料的代表产品有：Cleanert PEP、Oasis HLB、Cleanert PCX、Oasis MCX、Cleanert PAX 和 Oasis MAX 等。

③ 吸附型填料　Florisil（硅酸镁）、PestiCarb（石墨化碳）和氧化铝（Alumina-N 中性，Alumina-A 酸性，Alumina-B 碱性）。

④ 混合型及专用柱系列　PestiCarb/NH_2、UL-5（磺胺专用柱）、HXN（磺酰脲除草剂专用柱）和 DNPH-Silica（空气中醛酮类化合物检测专用柱）。

SPE 填料按保留机理分为四类：①正相，Silica、NH_2、CN、Diol、Florisil 和 Alumina；②反相，C_{18}、C_8、Phenyl、C_4、NH_2、CN、PEP 和 PS；③离子交换，SCX、SAX、COOH 和 NH_2；④混合型，PCX、PAX 和 C_8/SCX 等。选择固相萃取吸附剂的步骤如图 3-9 所示。

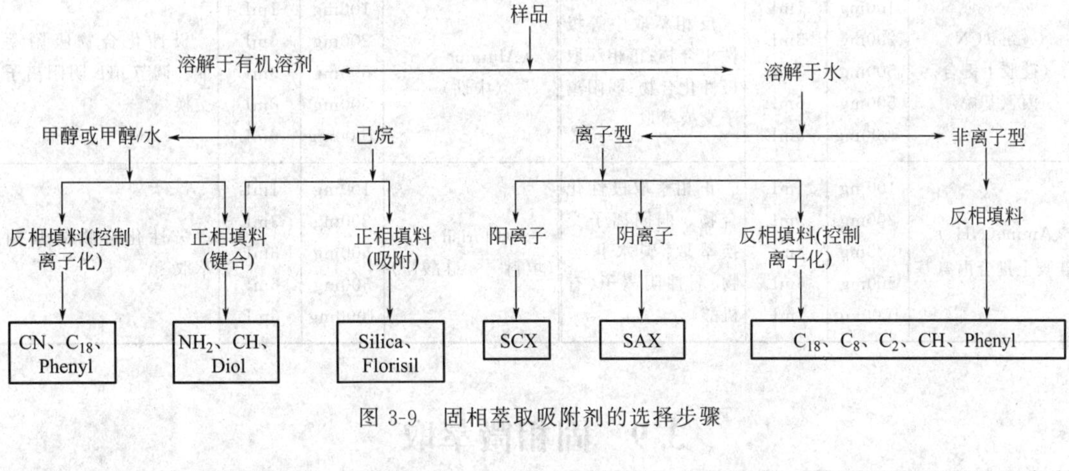

图 3-9　固相萃取吸附剂的选择步骤

固相萃取柱的种类很多，具体实验工作中，需要根据分析对象、检测手段及实验室条件合理选择合适填料和规格的固相萃取柱。主要是考虑固相萃取柱对分析对象的萃取能力、样品溶液的体积、洗脱后溶液的最终体积及样品溶液中被测物及干扰物的总量。一般被柱中吸附剂吸附的被测物及干扰物的总质量不应超过吸附物总质量的 5%。洗脱剂的体积一般应是萃取柱柱床体积的 2～5 倍。选择固相萃取小柱时可参考表 3-1。

表 3-1 固相萃取小柱的选择

填料	含量	容量	应用范围	填料	含量	容量	应用范围
ODS(C_{18})（硅胶上键合十八烷基）	100mg 200mg 500mg 500mg 1000mg	1mL 3mL 3mL 6mL 6mL	反相萃取，适合于非极性到中等极性的化合物	EVIDEXII（辛烷和阳离子交换树脂）	200mg 400mg	3mL 6mL	Amphetamina/Methamphetamine、PCP、Benzoylecgonine、Codeine/MorphineTHC-COOH(Marijuana)
Octyl(C_8)（硅胶上键合辛烷）	100mg 200mg 500mg 500mg 1000mg	1mL 3mL 3mL 6mL 6mL	反相萃取，适合于非极性到中等极性的化合物	SAX（硅胶上键合卤化季铵盐）	100mg 200mg 500mg 500mg 1000mg	1mL 3mL 3mL 6mL 6mL	强阴离子交换萃取，适合于阴离子、有机酸、核酸、核苷酸、表面活化剂
Ethyl(C_2)（硅胶上键合乙基）	100mg 200mg 500mg 500mg 1000mg	1mL 3mL 3mL 6mL 6mL	相对 C_{18} 和 C_8，适合非极性化合物	SCX	100mg 200mg 500mg 500mg 1000mg	1mL 3mL 3mL 6mL 6mL	适合于阳离子、抗生素、药物、有机碱、氨基酸、儿茶酚胺、除草剂、核酸碱、核苷、表面活化剂
Phenyl（硅胶上键合苯基）	100mg 200mg 500mg 500mg 1000mg	1mL 3mL 3mL 6mL 6mL	相对 C_{18} 和 C_8，反相萃取，适合于非极性到中等极性化合物	Alumnia-A（酸性，pH 5.0）	100mg 200mg 500mg 500mg 1000mg	1mL 3mL 3mL 6mL 6mL	极性化合物离子交换和吸附萃取，如维生素
Silica（无键合硅胶）	100mg 200mg 500mg 500mg 1000mg	1mL 3mL 3mL 6mL 6mL	极性化合物萃取	Alumnia-B（碱性，pH 8.5）	100mg 200mg 500mg 500mg 1000mg	1mL 3mL 3mL 6mL 6mL	吸附萃取和阳离子交换
Cyano(CN)（硅胶上键合丙氰基烷）	100mg 200mg 500mg 500mg 1000mg	1mL 3mL 3mL 6mL 6mL	反相萃取中等极性化合物；正相萃取极性化合物；弱阳离子交换萃取	Alumnia-N（中性）	100mg 200mg 500mg 500mg 1000mg	1mL 3mL 3mL 6mL 6mL	极性化合物吸附萃取。调节 pH，阴阳离子交换
Amino(NH_2)（硅胶上键合丙氨基）	100mg 200mg 500mg 500mg 1000mg	1mL 3mL 3mL 6mL 6mL	正相萃取极性化合物。弱阴离子交换萃取；碳水化合物、弱性阴离子、有机酸	Florisil（填料——硅酸镁）	100mg 200mg 500mg 500mg 1000mg	1mL 3mL 3mL 6mL 6mL	极性化合物的吸附萃取

3.9 固相微萃取

固相微萃取（solid phase microextraction，SPME）是一种新型样品前处理技术。20 世纪 80 年代末，加拿大 Waterloo 大学的 Pawliszyn 教授的研究小组首次对 SPME 技术进行了开发研究，后来固相微萃取由美国 Supelco 公司在 1993 年实现商品化，1994 年获得美国匹兹堡分析仪器会议大奖，它适用于不同基质中挥发性与非挥发性物质的萃取分析。SPME 技术以其简便快捷和操作方便等优点受到了分析测试工作者的认可，其检测范围和应用范围得到了极大的拓展。起初商品化的装置类似于一支气相色谱的微量进样器，萃取探头是在一根石英纤维上涂上涂层材料。在探头的外侧，套着不锈钢管以保护石英纤维不被折断，通过弹簧和机械臂的设置，纤维头可在钢管内自由伸缩。其装置如图 3-10 所示。该装置主要包括两个部分——手柄（holder）和萃取头（fiber），通过弹簧和机械设计，达到探头伸缩自如的目的，从而满足分析需求。

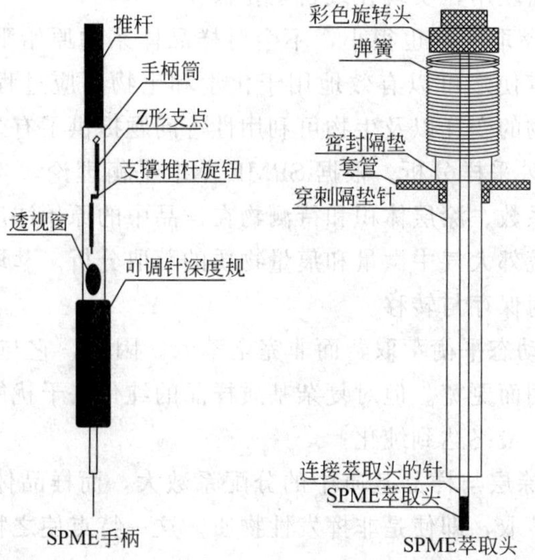

图 3-10　SPME 装置示意图

固相微萃取的过程是将纤维头浸入样品溶液中一段时间，同时搅拌溶液以加速两相间达到平衡的速度，待平衡后将纤维头取出插入气相色谱汽化室，热解吸涂层上吸附的物质。被萃取物在汽化室内解吸后，靠流动相将其导入色谱柱，进行色谱分析，完成提取、分离、浓缩和分析的全过程。图 3-11 为 SPME 技术的萃取步骤。

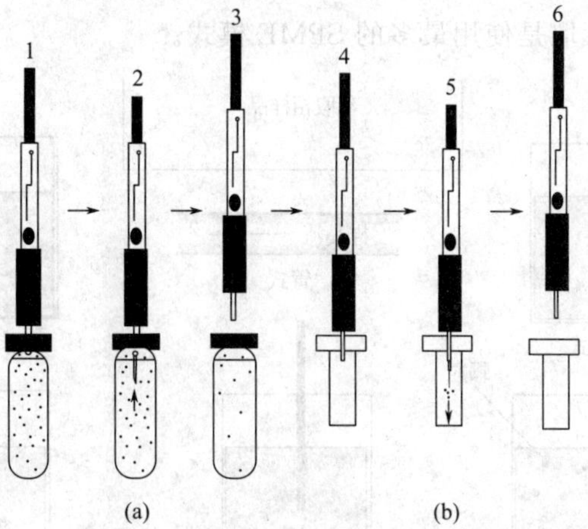

图 3-11　SPME 的步骤

（a）SPME 萃取过程：1—刺穿样品瓶盖；2—暴露出纤维/萃取；3—缩回纤维/拔出萃取器

（b）SPME 解吸过程：4—插入 GC 汽化室；5—暴露出纤维/解吸；6—收回纤维/拔出萃取器

3.9.1 固相微萃取技术的特点

① 无溶剂萃取、成本低、装置简单、操作简单、快速、高效和灵敏。

② 取样和富集同步进行，与气相色谱联用时可使取样、富集和进样一步到位，减少样品流失。

③ 能与气相色谱、高效液相色谱、毛细管电泳、质谱、电感耦合等离子体光谱和离子色谱等多种现代分析仪器联用，实现在线自动化操作。

④ 即使在平衡时，萃取的量也很小，不会对样品体系的原始平衡造成影响，即可以忽略基质的消耗。这一特点使之可以有效地用于化学和生物反应过程中目标物的实时原位分析，为研究环境中污染物的变迁以及生物可利用性等问题提供了有效手段。

⑤ 很适合现场或野外采样分析。根据 SPME 萃取平衡理论，当样品体积足够大时，萃取量只与待测物的分配系数、涂层体积和待测物在样品中的原始浓度有关，因此，非常适用于江河、湖泊、城市或荒郊大气中微量和痕量物质的萃取分析。萃取后的纤维头可收回针管内，便于在分析前的密封保存与转移。

⑥ SPME 方法属于动态平衡萃取，而非完全萃取。因此，它与液-液萃取和固相萃取等完全萃取方式相比，应用面更宽。但对复杂基质样品的纯化去干扰能力不如后两种方法，因后两者可经过多步处理，最终达到纯化。

⑦ 分析物在纤维头涂层与样品基质中的分配系数大，而样品体积很小，则该分析物几乎可以完全从样品中被萃取，即使是非挥发性物质。这一特点使之特别适用于因样品量太小而不能直接进行一般分析的试样。

3.9.2 固相微萃取的模式及原理

固相微萃取是为了适应实验室和现场样品的快速前处理而不断被发展的。图 3-12 为几种成熟的固相微萃取实施途径，它主要包括：外壁涂覆涂层的纤维固相微萃取、管内壁涂覆涂层的微管固相微萃取、容器内壁涂覆涂层固相微萃取、悬浮颗粒固相微萃取、搅拌棒式固相微萃取和萃取膜固相微萃取。好的微萃取装置能实现搅拌及进样于一体。迄今为止，外壁涂覆涂层的纤维固相微萃取是使用最多的 SPME 模式。

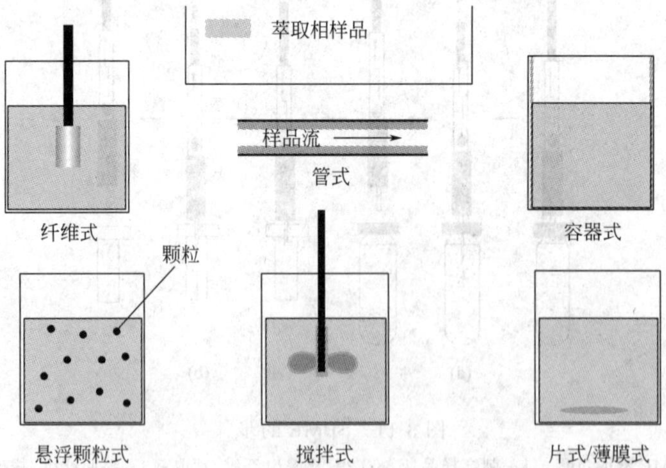

图 3-12 固相微萃取的几种实施途径

就纤维固相微萃取而言，目前常见的萃取方式有三种，即浸入式萃取、顶空式萃取和膜保护萃取。顶空式萃取就是将萃取探头置于顶空瓶中溶液的上空，通过萃取气相中的待测组分进行定性定量分析，比较适宜易挥发性有机物的测定，它避免了探头和溶剂的接触，延长了探头的使用寿命，是 SPME 技术最为理想的萃取方式。但其检测物质种类较少，具有局限性，它对挥发性弱或极性强的化合物的萃取能力低，因为这些化合物的亨利常数较小。浸入式萃取就是将萃取探头插入待测液相试样中，通过搅拌，迅速到达平衡状态，这种方式富集速度快，适宜气态样品和较干净的液体样品中大部分有机化合物的萃取，但探头容易受到基体溶液的干扰，甚至损坏 SPME 探头涂层。膜保护萃取即在萃取相和样品体系之间加上一个保护层来控制大分子的干扰，可以用一孔隙小于干扰分子的膜（也就是使用相应分子量切割的透析膜）将萃取相包起来，这就可以减少复杂体系萃取时体系中一些大分子（如蛋白质、腐殖质）等对萃取探头造成污染，达到保护萃取探头的目的。三种萃取方式如图 3-13 所示。

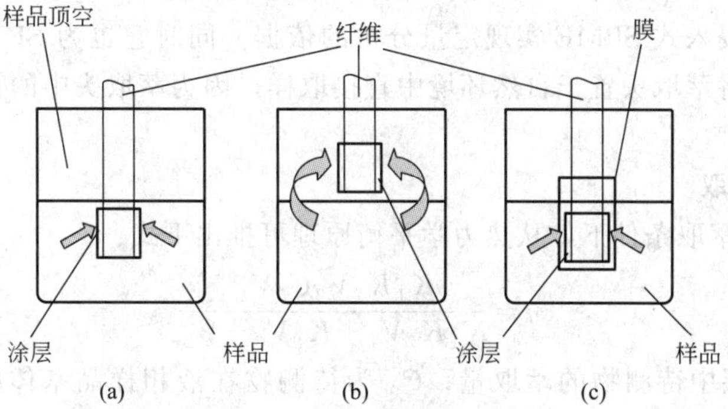

图 3-13　SPME 3 种萃取模式示意图

关于 SPME 原理，目前的研究认为，探头涂层对目标分析物的萃取作用存在着两种不同的机理：吸收作用和吸附作用。一些均相聚合物涂层，如商用聚二甲基硅氧烷（PDMS）涂层，它是一种高黏度橡胶状液体，以吸收作用为主，待测物分子因在液相涂层中的扩散系数大，能够迅速溶入其中。由于两种性质相似的液体可以任意比例互溶，萃取量正比于涂层体积或质量，平衡萃取量只与待测物在涂层中的溶解度有关，待测物在样品中的浓度与涂层萃取量之间的定量线性范围较宽，不受样品基质中其他共存有机物的影响，即吸收萃取机理不存在竞争。

针对目标分析物选用探头时，要求涂层对目标分析物有较强的萃取能力。涂层萃取的目标分析物不仅要有较大的分配系数，而且还需要有合适的分子结构，以保证目标分析物在涂层中有较快的扩散速度，可以在较短时间内达到两相平衡状态。

定量分析时，由于 SPME 萃取头体积小，决定了 SPME 不能完全萃取样品中的目标分析物，要进行定量分析，就要研究萃取头中目标分析物的萃取量（n）与其在样品中初始浓度（C_0）间的关系。

下面主要介绍浸入式萃取和顶空式萃取。

3.9.2.1　浸入式萃取

当进行直接浸入萃取时，在 SPME 中系统是一个单相体系，在一定温度、压力下达到平衡时，其在两相间的分配系数 K_{fs} 为：

$$K_{fs}=\frac{C_s}{C_{aq}} \tag{3-1}$$

式中，C_s 和 C_{aq} 分别为平衡时分析物在固相和液相中的浓度。SPME 萃取过程是一个多相热力学平衡过程。当系统达到平衡时，此时萃取相上所富集的样品量（n）表示为：

$$n=\frac{K_{fs}V_fC_0V_s}{K_{fs}V_f+V_s} \tag{3-2}$$

式中，V_f 为涂层体积；V_s 为样品的体积；C_0 为样品中待分析物质的初始浓度。由上可以看出，体系中的 K_{fs} 及 V_f 是影响方法灵敏度的重要因素。所以，在实际中一般采用对待测物有较强吸附作用的涂层和增加萃取头的长度的办法来提高萃取的富集效果和灵敏度。由于涂层体积很小，而样品的体积很大，在实际分析过程中，$V_s \gg K_{fs}V_f$ 时上式可近似处理为：

$$n=K_{fs}V_fC_0 \tag{3-3}$$

可见，SPME 中，平衡时萃取头中目标分析物的萃取量（n）与其在样品中的初始浓度呈线性关系，这是浸入式 SPME 实现定量分析的依据。同时它也为 SPME 的野外取样提供了理论依据，即可将萃取头置于自然环境中直接取样。因为萃取头中的目标分析物的量与样品的体积无关。

3.9.2.2 顶空式萃取

在顶空 SPME 萃取条件下，从热力学平衡原理可推出下式：

$$n=\frac{K_1K_2V_2C_0V_1}{K_1K_2V_1+K_2V_3+V_2} \tag{3-4}$$

式中，n 为涂层中待测物的萃取量；C_0 为待测物在液相样品基体中的初始浓度；V_1、V_2、V_3 分别为涂层、液相样品基体和顶空气相的体积；K_1 为待测物在涂层与顶空气相中的分配系数；K_2 为待测物在液相样品基体与顶空气相中的分配系数。由于 K_1 和 K_2 均很小，而样品的体积 V_2 很大，在实际分析过程中，$V_2 \gg K_1K_2V_1$ 且 $V_2 \gg K_2V_3$，上式可近似处理为：

$$n=K_1K_2C_0V_1 \tag{3-5}$$

可见，在涂层种类、萃取时间和萃取温度一定的前提下，待测物在涂层中的萃取量（n）与其在样品基体中的初始浓度（C_0）在一定范围内成正比，这是顶空 SPME 法定量的依据。

3.9.3 冷涂层固相微萃取

冷涂层固相微萃取（cold-fiber SPME，以下简称 CF-SPME）技术是 Pawliszyn 教授研究团队于 1995 年在顶空固相微萃取理论基础上提出的。如图 3-14 所示，在加热样品的同时，采用液态 CO_2 对探头管内进行冷却，促进目标分析物从复杂基质中释放至顶空，且在冷涂层上完成对目标分析物的高效萃取，进而实现复杂基质样品（土壤、沉积物）中挥发性、半挥发性有机物的直接分析。

针对 CF-SPME 的设计理念，Pawliszyn 研究团队同时提出了 CF-SPME 的定量方法理论，首先推导了 CF-SPME 萃取过程中非等温条件下，分析物在涂层和顶空之间的分配系数（K_T）的计算方法，见式（3-6），指出涂层和顶空部分温度差越大，待测物质在涂层上的分配系数越大；同时根据 HS-SPME 定量理论公式（3-7）可以发现分析物在涂层和顶空之间的分配系数（K_0）远远大于顶空体积（V_s）时，便可实现对样品的完全萃取，此时萃取量的计算如式（3-8）所示，意味着当涂层和顶空温度差足够大时，CF-SPME 理论上可实现对顶空部分待测物质的完全萃取。

$$K_T = K_0 \frac{T_s}{T_f} \exp\left[\frac{C_p}{R}\left(\frac{\Delta T}{T_f} + \ln\frac{T_f}{T_s}\right)\right] \quad (3\text{-}6)$$

$$n = \frac{K_0 V_f C_0 V_s}{K_0 V_f + V_s} \quad (3\text{-}7)$$

$$n = C_0 V_s \quad (3\text{-}8)$$

式中，T_s 为顶空温度；T_f 为涂层温度；K_T 是分析物在温度为 T_f 的涂层和温度为 T_s 的顶空气相间的分配系数；ΔT 为顶空和涂层之间的温度差；C_p 为恒定压力下分析物的比热容；K_0 是涂层和顶空温度相同时分析物在涂层/顶空之间的分配系数；R 为理想气体常数；n 为萃取量；V_f 为涂层体积；V_s 为顶空部分体积；C_0 为分析物在顶空部分的浓度。

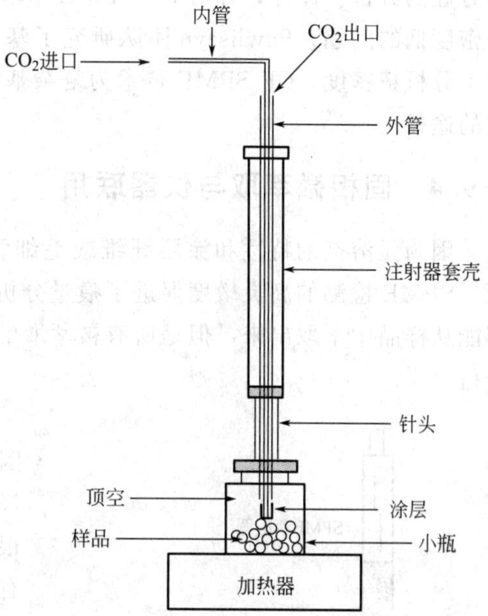

图 3-14　CF-SPME 装置示意图

CF-SPME 技术的发明使得 SPME 理论由最初的平衡萃取拓展到完全萃取，自提出以来，已经在土壤、沉积物、食品等固体样品中挥发性有机物的分析上有了一定的研究进展。Pawliszyn 研究团队通过对 CF-SPME 装置进行改进，将其与商品化自动进样平台 CTC Combi-PAL 结合，实现了 CF-SPME 与 GC 和 GC-MS 联用自动化装置，并将其应用于沉积物、土壤中多环芳烃的分析（图 3-15）。此外，该团队还采用电热制冷设备制备出基于涂层外部冷却的 CF-SPME 装置，并应用于大米中己醛、壬醛和十一醛的分析研究。为了进一步提高 CF-SPME 的萃取效率，针对待测物质挥发性的不同，研究学者提出了涂层程序制冷手段，有效地提高了 CF-SPME 的萃取性能。A. R. Ghiasvand 研究团队制备了外部制冷“胶囊”，用于商用 SPME 探头的冷却，使 CF-SPME 的使用更为便捷，并应用于土壤中 7 种多

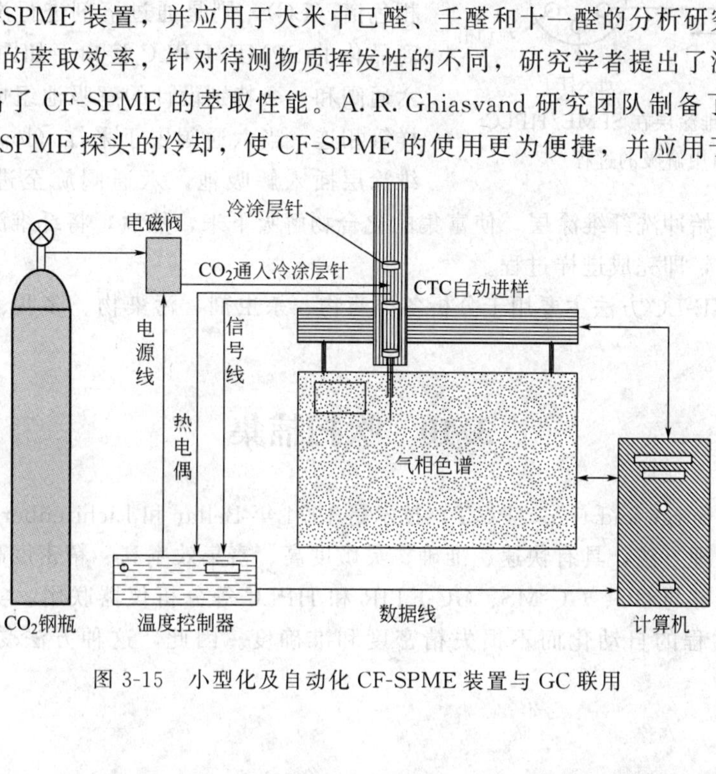

图 3-15　小型化及自动化 CF-SPME 装置与 GC 联用

环芳烃的分析。此外，针对 CF-SPME 萃取过程中对样品加热产生的瓶内压力过大导致分析精密度低的问题，Pawliszyn 团队研究了基于压力平衡条件的 CF-SPME 萃取模式，有效提高了分析精密度。CF-SPME 技术为复杂基质样品的绿色无溶剂分析研究提供了一种简单有效的途径。

3.9.4 固相微萃取与仪器联用

因为无溶剂的特性和涂层纤维或毛细管的小尺寸，SPME 可以很方便地和各种仪器联用。SPME 检测的高灵敏度促进了痕量分析的发展。虽然在大多数情况下并非所有的分析物都能从样品中萃取出来，但是所有被萃取的物质全部都进入了仪器中，从而能够得到很好的分析效果。

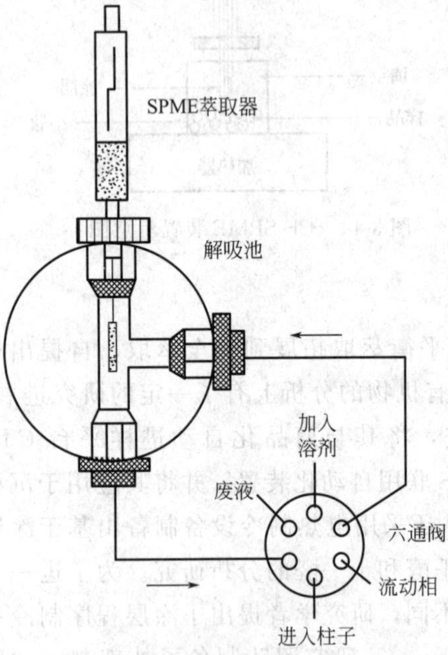

图 3-16 纤维涂层在 SPME/HPLC 接口中解吸的过程

与 SPME 联用最多的分析仪器是气相色谱仪。因为萃取相是不挥发的，仅被萃取的分析物被引入气相色谱仪进行分析。因此，SPME 进样不需设计很复杂的进样器来处理大量溶剂的蒸发问题，并没有溶剂峰，使得被分析的成分更简单。

虽然 SPME 与 GC 的联用在目前的文献报道中占主要地位，但是 SPME 正在更多地应用于半挥发、不挥发和热不稳定的化合物，而这些化合物更适合用带紫外、荧光、电化学或质谱检测器的 HPLC 进行分析。

解吸过程随 SPME 后续分离手段的不同而不同。对于气相色谱（GC），是将纤维涂层暴露在进样口中，通过高温使目标化合物热解吸；而对于液相色谱（LC），则是通过溶剂进行洗脱。目前已有商品化的 SPME/HPLC 接口，如图 3-16 所示，由六通阀和一个特别设计的解吸池组成。解吸池与进样管相连，当六通阀置于采样（load）状态时，纤维涂层插入解吸池，六通阀旋至进样（injection）状态，流动相开始冲洗纤维涂层，使富集的化合物解吸下来，然后，将纤维涂层退回到钢针中，拔离进样口，即完成进样过程。

目前，SPME-LC 方法主要用于分析各类药物、杀虫剂、污染物、多肽、食品成分和添加剂。

3.10 吹扫捕集

吹扫捕集（purge and trap，P&T）技术是 1974 年 Bellar 和 Lichitenberg 等推出的一种复杂样品的前处理方法，具有快速、准确、灵敏度高、富集效率高、精密度高和不使用有机溶剂等优点，能够与 GC、GC-MS、GC-FTIR 和 HPLC 等分析仪器联用，实现吹扫、捕集和色谱分离全过程的自动化而不损失精密度和准确度。因此，这种方法受到人们的普遍重视。

3.10.1 吹扫捕集的基本原理及操作步骤

吹扫捕集的原理是依据许多有机化合物具有挥发性的特点，利用气体将挥发性物质从试样中吹扫出来，吹扫出来的组分被捕集到一个适当的介质上，例如短的固体吸附柱或冷捕集器等，然后利用反吹扫法把短柱所吸附的化合物吹脱出来，直接用色谱仪进行分析。由于气体的吹扫破坏了密闭容器的两相平衡，在液相顶部挥发组分分压趋于零，能使更多的挥发性组分逸出，故适合超痕量组分分析。在实验操作中，一般加入甲醇作为中间溶剂，从本质上改变分散体系的稳定性和均匀性，从而提高该方法的准确度和精密度。

吹扫捕集-气相色谱法的分析步骤大致为：①取一定量的试样加入吹扫瓶中；②将经过硅胶、分子筛和活性炭干燥净化的吹扫气以一定流量通入吹扫瓶中，以吹脱出挥发性组分；③吹脱出的组分被保留在吸附剂或冷阱中；④打开六通阀，把吸附管置于气相色谱的分析流路中；⑤加热吸附管进行脱附，挥发性组分被吹出并进入分析柱；⑥进行色谱分析。

3.10.2 吸附剂的选择

吸附剂的选择是P&T技术的核心，通常按照材料的性质和结构可将吸附剂分为：无机吸附剂、有机多孔聚合物吸附剂和混合吸附剂。无机吸附剂多具有大的比表面积和较高的使用温度，其吸附能力强、吸附量大且热稳定性好，常用于富集挥发性和半挥发性轻组分。多数无机吸附剂对水的亲和能力强，热脱附温度高，吸附表面有过多活性点，常造成脱附不完全或引起极性化合物的不可逆吸附和分解等问题。

有机多孔聚合物吸附剂的脱附温度低，疏水性强，适用于环境大气、水和土壤中有机污染物、食品、植物和矿物的分析等。Tenax是多孔聚合物类系列吸附剂，它对于挥发性有机物几乎没有背景污染，并且在高温时很稳定，适合于热解吸，Camel、Nunez等对使用不同的多孔聚合物作为富集中间体进行了综述，并指出Tenax具有较高的热稳定性，脱附温度低，疏水性好，可再生使用，可以富集多种类型的化合物。其缺点是比表面积小，对一些低沸点化合物的吸附效率低。

混合吸附剂综合了各组分的优点，吸附效果最为理想。较为常见的混合吸附剂有活性炭＋Tenax、活性炭＋Tenax＋硅胶。如采用Tenax TA和Carbo-trap为混合吸附剂，用气相色谱-质谱法检测，定性定量分析了28种VOCs，最低检测限为0.09～3.37μg，回收率大于85%。采用Tenaxhe碳分子筛混合吸附剂分析了汽车尾气中的C_2～C_8烃。

3.10.3 影响吹扫捕集效率的因素

吹扫效率是在吹扫捕集过程中，被分析组分能被吹出并回收的比例。影响吹扫效率的因素主要有吹扫温度、试样的溶解度、吹扫气的体积、吹扫时间、捕集效率、解吸温度及时间等。不同的化合物，其吹扫效率也稍有不同。

① 吹扫温度　提高吹扫温度，相当于提高蒸气压，因此吹扫效率也会提高。蒸气压是吹扫时加到固体或液体上的压力，它依赖于吹扫温度、蒸气相与液相之比。在吹扫含有高水溶性的组分时，吹扫温度对吹扫效率影响更大。温度过高，带出的水蒸气量增加，不利于下一步的吸附，给非极性的气相色谱分离柱的分离也带来困难，且水对火焰类检测器具有猝灭作用，所以一般选取50℃为常用温度。对于高沸点强极性组分，可以采用更高的吹扫温度。

② 试样的溶解度　溶解度越高的组分，其吹扫效率越低。对于高水溶性组分，只有提

高吹扫温度才能提高吹扫效率。盐效应能改变试样的溶解度，通常盐的质量分数可加到15%～30%，不同的盐对吹扫效率的影响也不同。

③ 吹扫气的体积　等于吹扫气的流速与吹扫时间的乘积。通常用控制气体体积来选择合适的吹扫效率。气体总体积越大，吹扫效率越高。总体积太大，对后续的捕集效率不利，会将捕集在吸附剂或冷阱中的被分析物吹落。因此，吹扫气总体积一般控制在400～500mL。

④ 捕集效率　吹出物在吸附剂或冷阱中被捕集，捕集效率对吹扫效率的影响较大，捕集效率越高，吹扫效率越高。冷阱温度直接影响捕集效率，选择合适的捕集温度可以得到更大的捕集效率。

⑤ 解吸温度与时间　一个快速升温和重复性好的解吸温度是吹扫捕集-气相色谱分析的关键，它影响整个分析方法的准确度和精密度。较高的解析温度能够更好地将挥发性物质送入气相色谱柱，得到窄的色谱峰。因此，一般都选择较高的解吸温度，对于水中的有机物（主要是芳烃和卤化物），解吸温度通常采用200℃。解析温度确定之后，解吸时间越短越好，从而得到好的对称的色谱峰。

3.10.4 吹扫捕集应用中需要注意的问题

在吹扫捕集方法的应用中还存在一些干扰因素需要考虑和注意，主要内容包括：

（1）吹扫气流速和吹扫时间的选择

吹扫气流速取决于待测分析物挥发性的大小。流速偏低时，不利于对含量低的试样进行定量分析；而太高的流速又会增加水蒸气对检测的干扰。

吹扫时间是影响方法回收率和灵敏度的一个重要因素。吹扫时间偏短时，溶液中的分析物挥发不充分，吹扫时间太长又会吹脱吸附剂表面的分析物。

（2）甲醇和水的干扰

捕集管含有过量的甲醇和水是吹扫捕集法最常见的问题，两种物质的过量存在会导致信号变形。水的干扰致使峰形异常，并使前期吹扫出来的化合物回收率不高，还会缩短检测器的寿命；甲醇也会干扰质谱及色谱检测器的信号。因此如何降低水蒸气和甲醇对分析的影响，是选择捕集管需要考虑的首要问题。为减少水和甲醇的影响，首先要保证吸附剂是疏水的且不能保留甲醇（如VOCARB和BTEXTRAP两种捕集管），此外还可采用增加干吹时间、减少甲醇在试样处理中的用量等措施。

（3）交叉污染

试样在捕集管的冷点浓缩或解吸不充分导致少部分试样残留在捕集管中而引起交叉污染，这种情况常源于系统超载运行。通过延长捕集管的烘烤时间可以达到彻底清洁的目的。交叉污染发生时，常有无关背景峰出现，且峰形与前次试样化合物指纹吻合。载气不纯，实验室空气中的VOCs超标等客观因素也会引起额外峰，所以安装捕集管时必须使用尺寸适宜的金属箍，避免漏气对实验结果的影响。

（4）试样起泡

试样中含有表面活性剂或清洁剂时，吹扫捕集法常发生起泡现象。试样起泡不仅容易损坏捕集管，致使传输线不可逆污染，极端情况下还会影响色谱柱及检测器的分离分析效率。当前，消除泡沫干扰的办法通常是在吹扫瓶的颈部装上泡沫捕集器，消泡原理是把泡沫拉长直至破坏，这种方法仅对少量起泡起作用。经验丰富的分析人员常会在试样置于吹扫瓶之前充分振荡，检查是否有大量气泡出现，若泡沫丰富则作稀释处理或添加防沫剂。硅粉和硅树脂型防沫剂是控制聚乙二醇二甲醚及碱性清洁剂型泡沫的最常用试剂。以上方法在一定程度上缓解了起泡问题，但往往不能彻底去除气泡。Tekmar 公司研发了一种配置光敏二级泡沫传感器的内置型 Guardian 仪，它是一种高效除泡设备，能够解决试样大量起泡的问题。

(5) 含氧含溴化合物回收率低

含氧化合物如醇类和酮类等水溶性极强，测定过程中往往存在回收率低的问题。为提高回收率，需要增加 25%的吹扫气流量，吹扫时间增加 2～4min，必要时还可以在吹扫的同时对试样溶液进行加热（40～50℃）。

含溴化合物的回收率往往较低，这是由于升高解吸温度时，在碳基捕集管内这类化合物容易分解。若以 5℃/min 的速度降低解吸温度，同时调节吹扫气流量至 35～40mL/min，则可以解决此问题。

3.11 液相微萃取

液相微萃取（liquid phase microextraction，LPME）技术作为一种新的样品前处理方法，集采样、萃取和富集于一体，灵敏度高，操作简单，而且还具有快捷、廉价等特点。它所需要的有机溶剂也仅仅是几微升至几十微升，是一项环境友好的样品前处理新技术。

1996 年提出的 LPME 技术是一种微型化的样品前处理技术，具有成本低、有机溶剂用量少、样品净化功能突出、易与多种分析仪器联用、操作模式多样化等其他萃取技术无法替代的优点，目前已在食品分析、药物分析、生物分析、环境分析等许多方面得到了广泛应用。

目前，国内外关于 LPME 的研究主要集中在 LPME 新模式（或装置）的研发、LPME 萃取剂的研究以及 LPME 技术的应用等方面。LPME 最早推出的萃取模式是 1996 年提出的悬滴液相微萃取，如图 3-17 所示，这种萃取模型将萃取剂悬挂在进样器针尖，萃取结束后直接抽回有机萃取剂进样分析。利用这种模式可以做到两种萃取方式：一是将悬有有机萃取剂的针尖浸入样品中萃取低挥发性物质［图 3-17(a)］；二是将针尖悬挂于给出相上空以顶空

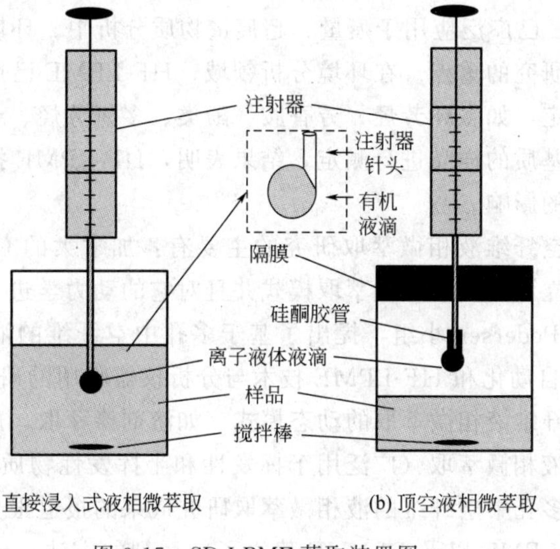

(a) 直接浸入式液相微萃取　(b) 顶空液相微萃取

图 3-17　SD-LPME 萃取装置图

式液相微萃取（HS-LPME）富集挥发性较高的物质［图 3-17(b)］。

Pedersen-Bjergaard 和 Rasmussen 在 1999 年首次提出了以多孔中空纤维为载体的液相微萃取模式（HF-LPME），即以多孔的中空纤维作为微萃取溶剂（接收相）的载体，集采样、萃取和浓缩于一体。HF-LPME 可以做成顶空式装置，也可以直接进入样品溶液中，做成浸入式装置。在顶空式装置中，通过手动或电机控制不断推拉微量进样器来更新有机溶剂在中空纤维内壁形成的有机膜层，以获取更高的富集倍数或萃取效率，称之为动态液相微萃取；在浸入式装置中，中空纤维可以只封闭一端，另一端插入进样器进行固定，然后进入样品溶液中进行萃取，如图 3-18(a) 所示；也可以两端封闭，丢入样品溶液中进行萃取，如图 3-18(b) 所示，这种模式称为溶剂棒微萃取（SBME）。若 HF-LPME 中空纤维壁和空腔内的溶液为同一溶剂，则构成两相 LPME 模式；若中空纤维壁和空腔内所承载的是不同溶剂，则形成三相 LPME 萃取模式。由于大分子、颗粒杂质等不能通过纤维壁孔，因此 HF-LPME 具有突出的样品净化功能，扩大了分析底物范围，可用于复杂基质样品的直接分离和分析。

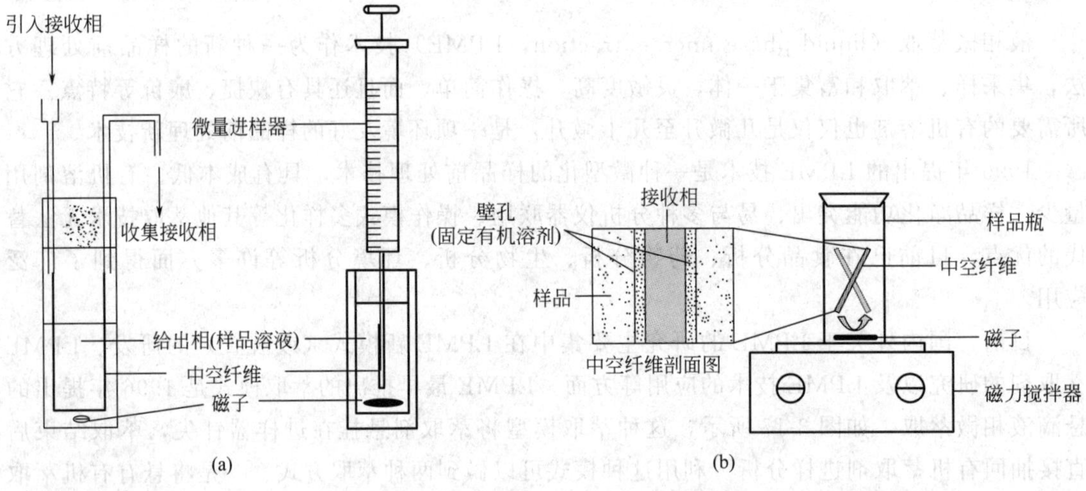

图 3-18　HF-LPME 的两种萃取装置图

目前，HF-LPME 已广泛应用于痕量、超痕量物质分析中。环境中有机污染物的监测一直是分析化学工作者研究的重点。在环境分析领域，HF-LPME 已用于水样、土壤等样品中各种有机污染物的测定，如多环芳烃、芳香胺、酚类、多氯芳烃、苯氧醚类除草剂和酞酸酯等。通过对各种不同基质的样品进行测定，结果表明，HF-LPME 技术选择性高，萃取回收率基本不受基质变化的影响。

国外从事多孔中空纤维液相微萃取研究的主要有：加拿大的 Cantwell 小组，最早提出液相微萃取概念，建立了悬滴液相微萃取模式并且对它的动力学进行了探讨，是 HF-LPME 的前期模型；挪威的 Pedersen 小组，提出了基于多孔中空纤维的液相微萃取技术，且最早从事 HF-LPME 技术自动化和 HF-LPME 技术与分析仪器联用的研究；新加坡的 Lee 小组，提出了基于多孔中空纤维液相微萃取的动态模式（如溶剂棒萃取，广泛用于环境和药品样品的分析）以及顶空式液相微萃取（广泛用于挥发性和半挥发性物质的富集）。国内该方面的研究才刚起步，关于多孔中空纤维的液相微萃取研究成果的报道很少。例如，武汉大学的胡斌教授团队基于 HF-LPME 以及 DLLME 建立了一系列的方法，成功实现了食品、天然水体等样品中有机磷农药、苏丹红、无机硒等目标分析物的高灵敏检测。中山大学的欧阳钢锋教授团队在 LPME 技术自动化方面也取得了一系列的研究进展，将其与 CTC CombiPal 自动进样器相结合，实现了食品中黄曲霉素、人体尿样中药物分子氟硝安定的快速、灵敏分析。

LPME 的模式还在不断发展中，2006 年伊朗学者建立了一种新的微萃取技术——分散液相微萃取（DLLPME），将含有萃取剂的分散剂注入样品溶液中，通过振荡形成一个水/分散剂/萃取剂的乳浊液体系，使萃取剂均匀地分散在水相中，增大了萃取剂与待测物的接触面积，达到了快速高效萃取的目的。

3.12 萃取液浓缩、净化技术

3.12.1 旋转蒸发

旋转蒸发主要用于减压条件下连续蒸馏大量易挥发性溶剂，用于色谱分析中萃取液的浓缩和色谱分离时接收液的蒸馏，可以分离和纯化待分析物质。旋转蒸发仪组成如图 3-19 所示。

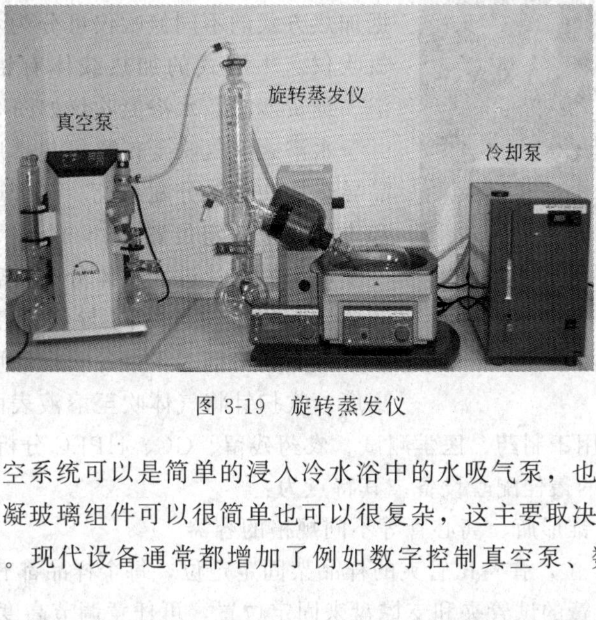

图 3-19 旋转蒸发仪

旋转蒸发仪的真空系统可以是简单的浸入冷水浴中的水吸气泵，也可以是带冷却管的机械真空泵。蒸发和冷凝玻璃组件可以很简单也可以很复杂，这主要取决于蒸馏的目标，以及要蒸馏的溶剂的特性。现代设备通常都增加了例如数字控制真空泵、数字显示加热温度等功能。

旋转蒸发仪的蒸馏烧瓶是一个带有标准磨口接口的茄形或圆底烧瓶，通过一高度回流蛇形冷凝管与减压泵相连，回流冷凝管另一开口与带有磨口的接收烧瓶相连，用于接收被蒸发的有机溶剂。在冷凝管与减压泵之间有一三通活塞，当体系与大气相通时，可以将蒸馏烧瓶、接收烧瓶取下，转移溶剂，当体系与减压泵相通时，则体系应处于减压状态。使用时，应先减压，再开动电动机转动蒸馏烧瓶；结束时，应先停机，再通大气，以防蒸馏烧瓶在转动中脱落。作为蒸馏的热源，常配有相应的恒温水槽。

相比在真空泵的作用下使用标准的蒸馏玻璃组件（不带旋转的蒸馏装置）实现的减压蒸馏，旋转蒸发仪的减压蒸馏拥有如下优点：①由于液体样品和蒸馏烧瓶间的惯性和摩擦力的作用，液体样品在蒸馏烧瓶内表面铺展并形成一层液体薄膜，相比静置状态下，样品受热及蒸发面积增大；②样品的旋转所产生的作用力所形成的液膜，有效抑制样品的起泡沸腾。综合以上特征以及其便利的特点，现代化的旋转蒸发仪可快速、温和地对绝大多数样品进行蒸馏。旋转蒸发仪应用中最大的弊端是某些样品的沸腾，例如乙醇和水，将导致实验者收集样品的损失。操作时，通常可以在蒸馏过程的混匀阶段通过小心地调节真空泵的工作强度或者加热锅的温度防止沸腾，或者也可以通过向样品中加入防爆沸颗粒防止沸腾。对于特别难以蒸馏的样品，包括易产生泡沫的样品，也可以对旋转蒸发仪配置特殊的冷凝管。

3.12.2 氮吹

氮气吹干仪（termovap sample concentrator）又称为氮气浓缩装置、氮气吹扫仪、氮吹浓缩仪，简称为氮吹仪、吹氮仪，用于液相、气相及质谱分析中的样品制备。其工作原理是通过将氮气吹入加热样品的表面，使样品中的溶剂快速蒸发、分离，从而达到样品无氧浓缩的目的，保持样品更纯净。氮吹仪能同时浓缩几十个样品，使样品制备时间大为缩短，并且具有省时、易操作、快捷的特点。根据加热方式的不同氮吹仪可分为水浴氮吹仪和干浴式氮吹仪。干浴式的加热载体有铝块孔式干浴、铝珠浴、细黄沙浴，水浴氮吹仪如图 3-20 所示。

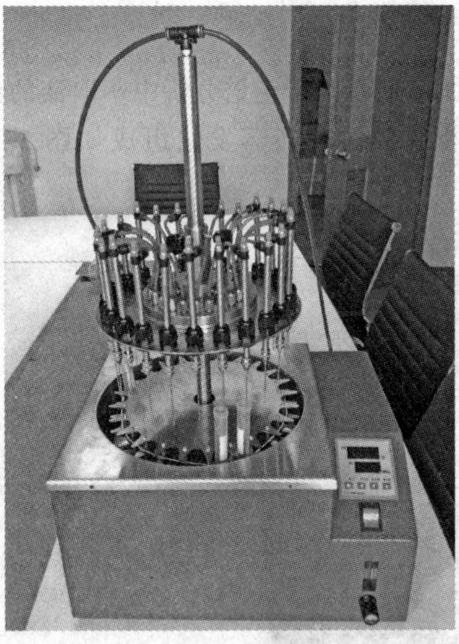

图 3-20 水浴氮吹仪

水浴式氮气吹干仪整机包括底座和支架装置、样品导热块和气体分配系统。试管通过带弹簧的试管夹和支撑盘来固定位置，5～10psi（表压）的气体通过一个可调流量计进入气体分配歧管。灵活的引导管将气体导入每个位置的阀-导气管接口处。氮吹仪根据试管大小和溶剂多少，各吹扫针可独立升降至合适的高度。吹扫针将气体吹至溶液表面，从而使溶剂迅速挥发。该装置广泛应用于制药、医学测试、农药残留、GC、HPLC 分析样品的制备和处理，是多管固相萃取装置的最佳配套设备。其特点为：

① 适用于试管、锥形瓶、离心管等不同规格的容器。

② 样品位数：12 位，弹簧试管夹的样品架固定定位，每个样品都有数字编号。

③ 试管通过带弹簧的试管夹和支撑盘来固定位置，可任意调节高度方向。

④ 自由升降的针形阀管，根据试管大小和溶剂多少，各导气管可以独立升降至合适的高度，同时可调的针形阀管能控制气体流量。

⑤ 圆形结构，转动自如，方便样品支架进出水浴，操作方便。

⑥ 智能数字温控器，可定时，双数字显示，调节采用 PID 技术并可实现超温报警及防干烧。

⑦ 圆形氮吹仪的所有部件均由优质不锈钢制造，可耐酸、碱及有机溶剂。

⑧ 调节阀：进口调节阀，保证良好的气密性，经久耐用。

⑨ 在浓缩有毒溶剂时，整个系统可置于通风柜中。

3.12.3 柱色谱

在圆柱管中先填充不溶性基质，形成一个固定相。将样品加到柱子上，用特殊溶剂洗脱，溶剂组成流动相。在样品从柱子上洗脱下来的过程中，根据样品混合物中各组分在固定相和流动相中分配系数不同，经多次反复分配将组分分离。实验室常用硅胶或氧化铝作固定相。尽管目前已有各种规格的商品化固相萃取小柱，用于痕量分析或复杂样品的富集和净化预处理，但对于许多食品样品、环境样品和生物样品的检测分析的预处理，往往依然需要填装各种色谱柱，来满足实际分析工作对样品预处理的需求。柱色谱分离净化需要注意以下几方面：

(1) 装柱子

添加硅胶时，有两种方法，即湿法装柱和干法装柱，二者各有优劣。不论干法还是湿法，硅胶（固定相）的上表面一定要平整，并且硅胶（固定相）的高度一般为15cm左右，太短了可能导致分离效果不好，太长了也会由于扩散或拖尾导致分离效果不好。湿法装柱是先把硅胶用适当的溶剂拌匀后，再填入柱子中，然后再加压用淋洗剂“走柱子”，本法最大的优点是一般柱子装得比较结实，没有气泡。干法装柱则是直接往柱子里填入硅胶，然后再轻轻敲打柱子两侧，至硅胶界面不再下降为止，然后再填入硅胶至合适高度，最后再用油泵直接抽，这样就会使柱子装得很结实。接着是用淋洗剂“走柱子”，一般淋洗剂是采用TLC分析得到的展开剂的比例再稀释一倍后的溶剂。通常上面加压，下面再用油泵抽，这样可以加快速度。干法装柱较方便，但最大的缺陷在于“走柱子”时，由于溶剂和硅胶之间的吸附放热（用手摸柱子可以明显感觉到），容易产生气泡，这一点在使用低沸点的淋洗剂（如乙醚、二氯甲烷）时更为明显。虽然产生的气泡在加压的情况下不易被察觉，但是，一旦撤去压力，如在上样、加溶剂等操作的时候，气泡就会释放出来，严重时，整个柱子变坏，样品不可能平整地通过，当然也就谈不上分离了。解决的办法是：硅胶一定要填结实；一定要用较多的溶剂“走柱子”；一定要等到柱子的下端不再发烫，并恢复到室温后再撤去压力。湿法要更省事一些，一般用淋洗剂溶解样品，也可以用二氯甲烷、乙酸乙酯等，但溶剂越少越好，不然溶剂就成了淋洗剂了。柱子底端的活塞一定不要涂润滑剂，否则会被淋洗剂带到淋洗液中，可以采用聚四氟乙烯材料的阀门。干法和湿法装柱没有什么实质性差别，只要能把柱子装实就行。装完的柱子应该有适度的紧密度（太密了淋洗剂流速太慢），并且一定要均匀，不然样品就会从一侧斜着流动。同时柱中不能有大气泡，大多数情况下有些小气泡没太大的影响，因为只要加压气泡就可消失。但是柱子更忌讳的是开裂，开裂会影响分离效果，甚至报废。也有介绍在硅胶的最上层填上一小层石英砂，防止添加溶剂的时候样品层不整齐。但是如果小心上样和添加溶剂，则没有这个必要。柱色谱操作方法、柱子规格及溶剂的选择如下：

① 柱色谱操作方法的选择　目前，柱色谱分离的操作方式主要包括常压分离、减压分离和加压分离3种。常压分离是最简单的分离模式，方便、简单，但是洗脱时间长。减压分离尽管能节省填料的使用量，但是由于大量的空气通过填料会使溶剂挥发，并且有时在柱子外面会有水汽凝结，以及有些易分解的化合物也难以得到，而且还必须同时使用水泵或真空泵抽气。加压分离可以加快淋洗剂的流动速度，缩短样品的洗脱时间，是一种比较好的方法，与常压柱类似，只不过外加压力使淋洗液更快洗脱。提供压力的可以是压缩空气、双连球或者小气泵等。

② 柱子规格的选择　市场上有各种规格的柱色谱分离柱。柱子长了，相应的塔板数就高，分离就好。目前市场上的柱子，其径高比一般在 1∶(5～10) 范围内，在实际使用时，填料量一般是样品量的 30～40 倍，具体的选择要根据样品的性质和含量进行具体分析。如果所需组分和杂质的分离度较大，就可以减少填料量，使用内径相对较小的柱子（如 2cm×20cm 的柱子）；如果分离度相差不到 0.1，就要加大柱子，增加填料量，比如用 3cm 内径的柱子。

③ 溶剂的选择　选择一个合适的溶剂系统是柱色谱分离的关键。在选用柱色谱洗脱剂时首先要考虑三个方面的因素：溶解性（solubility）、亲和性（affinity）和分离度（resolution）。溶剂应选择价廉、安全、环保的，可以考虑石油醚、乙酸乙酯、二氯甲烷、乙醚、甲醇和正己烷等等。但正己烷价格较高，乙醚易挥发，二氯甲烷和甲醇与硅胶的吸附是一个放热过程，易使柱子产生气泡。其他的溶剂用得相对较少，要依不同需要选择。另外值得一提的是，由于我们进行的是痕量分析，淋洗剂的纯度必须关注，一般使用优级纯或色谱纯，如果是分析纯的必须进行精制。同时溶剂在过柱后最好回收使用。

(2) 上样

用少量的溶剂溶解样品加样，加完后将底端的活塞打开，待溶剂层下降至石英砂面时，再加少量的低极性溶剂，然后再打开活塞，如此两三次，一般石英砂就基本是白色的了。加入淋洗剂，一开始不要加压，等溶解样品的溶剂和样品层有一段距离（2～4cm）再加压，这样避免了溶剂（如二氯甲烷等）夹带样品快速下行。很多样品在上柱前黏性较大，上样后在柱上又会析出，不过这种情况一般都是比较大量的样品才会出现，是因为填料对样品的吸附饱和所致。有些样品溶解性差，能溶解的溶剂（比如 DMF、DMSO 等）又不能上柱，这样就必须用干法上柱了。

(3) 淋洗液的收集和浓缩

用硅胶作固定相过柱子的原理是一个吸附与解吸的平衡。如果样品与硅胶的吸附比较强的话，就不容易流出，这时可以采用氧化铝作固定相。柱色谱后的淋洗液，由于使用了较多的溶剂，必须进行浓缩，如果待测物具有一定的挥发性，最好使用常压挥发溶剂，否则易导致检测结果偏低。浓缩即用上面所述的氮吹和旋转蒸发。

第4章　地质样品有机物分析检测技术

4.1　色谱法

色谱法最早于1903年由俄国植物学家茨维特（Михаил Семёнович Цвет）分离植物色素时所发现，他将植物叶子的萃取物倒入填有碳酸钙的直立玻璃管内，然后加入石油醚使其自由流下，结果色素中各组分互相分离形成各种不同颜色的谱带，这种方法因此得名为色谱法。以后这种方法逐渐应用于无色物质的分离，“色谱”二字已失去原来的含义，但仍被人们沿用至今。20世纪40年代，英国生物化学家马丁（A. J. P. Martin）和辛格（R. L. M. Synge）在研究分配色谱理论过程中，证实了气体作为色谱流动相的可能性，并预言了气相色谱的诞生，从他们发表第一篇关于气相色谱的论文至今，色谱技术已经成为一种重要的物理化学分离方法，在各领域有着广泛的应用。

色谱法的基本原理：利用样品混合物中各组分物理、化学性质的差异，各组分程度不同地分配到互不相溶的两相中。当两相相对运动时，各组分在两相中反复多次重新分配，混合物中不同的物质会以不同的速度沿固定相移动，最终达到分离的效果。两相中，固定不动的一相称固定相，移动的一相称流动相。根据物质分离的机制，又可以分为吸附色谱、分配色谱、离子交换色谱、凝胶色谱、亲和色谱等类别。色谱法具有在几分钟至几十分钟的时间内完成几十种甚至上百种性质类似的化合物的分离，检测下限可以达到10^{-12}g的数量级；配合不同检测器能够实现待测组分高灵敏度、高选择性检测；样品消耗量非常少，通常只需数纳升至数微升。色谱法具有分离效率高、检测速度快、分析灵敏度高、选择性好、样品用量少、多组分同时分析、易于自动化等优点。根据应用目的不同，色谱法又有制备型和分析型色谱两大类。制备色谱的目的是分离混合物，获得一定数量的纯净组分，如有机合成产物、天然产物的分离纯化等。分析色谱的目的是定性或定量地测定混合物中各组分的性质和含量。

4.1.1　气相色谱法

气相色谱法（gas chromatography，GC）是产生于20世纪50年代，以气体为流动相的色谱法。在实际应用中，气相色谱法以气液色谱、气固色谱为主。

（1）基本原理

气相色谱的流动相为惰性气体，固定相为具有一定活性的吸附剂或具有分离特性的液体。当多组分混合样品被载气带入色谱柱后，组分就在两相间进行反复多次（10^3～10^6）的吸附-解吸，由于固定相对各种组分的吸附能力不同（即保留作用不同），因此各组分在色谱柱中的运行速度就不同，经过一定的柱长后便彼此分离，有序地离开色谱柱进入检测器，产生的离子流信号经放大后，在记录器上描绘出各组分的色谱峰。

（2）仪器结构

气相色谱系统由气源、汽化室（进样室）、色谱柱、柱温箱、检测器和记录器等部分组成，图 4-1 是气相色谱仪示意图。气源负责提供色谱分析所需要的载气，即流动相，载气需要经过纯化和恒压处理。气相色谱柱主要有填充柱和毛细管柱两大类。填充柱材质有玻璃、金属，直径较粗，一般在 1～6mm，柱长在 0.5～10m 之间，内填不同极性的填料，填充柱的分离能力和柱效都较低，目前主要用于惰性气体的分析。毛细管柱材质主要为弹性石英，个别为不锈钢，毛细管柱（又称开管柱或空心柱）的直径较细，一般在 0.2～0.5mm，柱长较长，一般为 10～50m，甚至百米以上，内壁涂布了不同极性的填料。毛细管柱分离效果好、分辨率高。随着技术进步，气相色谱新检测器不断出现。其中常用检测器有热导检测器（TCD）、氢火焰离子化检测器（FID）、电子捕获检测器（ECD）、氮磷检测器（NPD）、火焰光度检测器（FPD）等类型。实际应用中应根据检测组分的理化性质选择不同的检测器，以达到最佳检测效果。

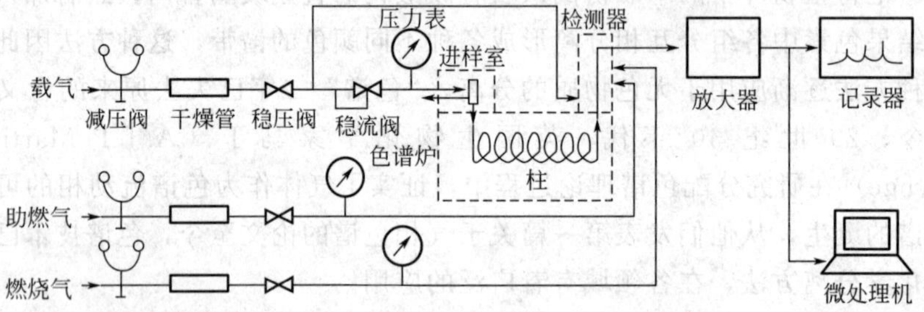

图 4-1 气相色谱仪示意图

(3) 基本特点

样品在气相中传递速度快，样品组分在流动相和固定相之间可以瞬间达到平衡，加上可选作固定相的物质很多，因此气相色谱法分析速度快、分离效率高，是目前分离能力最强的手段之一。近年来随着高灵敏度、高选择性新检测器的出现，它又具有了高灵敏度、高选择性等优点。

(4) 应用领域

气相色谱法可以分析气体和易挥发或可以转化为易挥发的液体，在现今已知的化合物中，适合气相色谱分析的挥发性、热稳定化合物大约有 60 万种。气相色谱分析是有机分析中应用最为广泛的一种检测手段。石油化学工业中的原料和产品分析，农作物中的农药残留分析，乃至食品安全、航天、医药等领域都使用到气相色谱技术。目前自然资源部开展的环境质量评估、地下水水质评估、土壤质量评估、油气勘查、气体水合物钻探等工作都将气相色谱技术作为一种基础的必备的检测手段，用于有机污染物、土壤农药残留、天然气气体、石油烃、有机地球化学生物标志物等成分分析。

4.1.2 全二维色谱法

1999 年由 Phillips 和 Zeox 公司联合推出了商品化的第一台全二维气相色谱仪器——LECO。全二维色谱技术（GC×GC，comprehensive twodimensional gas chromatography）具有峰容量大、分辨率高、族分离、瓦片效应等特点，是气相色谱技术发展历史上一次新的革命性突破。

(1) 基本原理

GC×GC 是将不同固定相的两根柱子以串联的方式连接在一起，然后利用调制解调器将第一根色谱柱（一维）流出的每一个馏分捕集、浓缩后再以脉冲方式送入第二根色谱柱（二维）进一步分离，最后被分离的组分再依次送入检测器检测，其分辨率成平方增加。

（2）仪器结构

GC×GC系统由气源、色谱柱和柱箱、调制器、检测器、记录器等部分组成，图4-2给出了全二维气相色谱仪示意图。其调制器具有捕集、浓缩和控制二次进样的作用。由于全二维分离速度非常快，必须配合选用具有高速精确处理检测数据能力的检测器，如毛细管电泳、飞行时间质谱（TOF-MS）等。

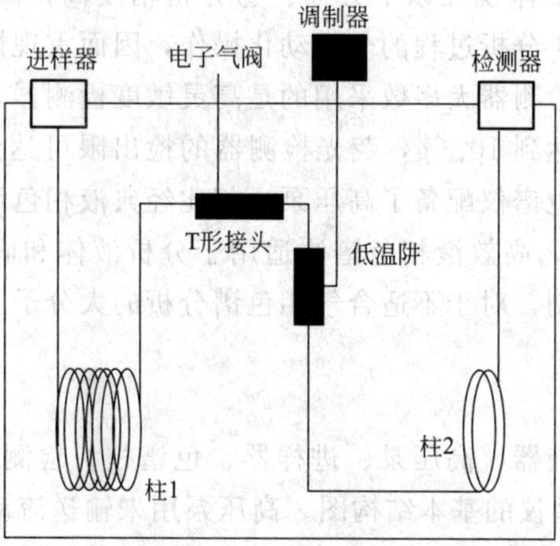

图4-2 全二维气相色谱仪结构图

（3）基本特点

①分辨率高，峰容量大，GC×GC的峰容量是其两根色谱柱峰容量的乘积，分辨率为两根色谱柱的各自分辨率平方和的平方根；②灵敏度高，比通常的一维色谱高20～50倍；③分析时间短；④定量可靠性大，因为大多数化合物可基线分离；⑤定性的准确性提高，因为每一种物质有两个保留值，明显区别于其他物质；⑥可以实现族分离，由于GC×GC实现了正交分离，二维的保留时间分别代表物质不同的性质，而具有相近的二维性质的组分在二维平面上能聚成一族，实现族分离；⑦可以了解分子的不同性质。

（4）应用领域

GC×GC色谱作为复杂混合物分析的强有力的工具，在石油化工、植物精油研究、烟草与烟气化学成分分析、药物检测等领域得到了迅速应用。它是目前最好的柴油族组分分离和定量的技术，通过一次全二维气相色谱分析，即可完成轻质石油馏分的族组分分离以及目标化合物的分离。全二维气相色谱-飞行时间质谱联用技术对烟草中的挥发性及半挥发性有机酸类、碱性化合物以及中性化合物的化学组成研究也具有重要意义。在药物分析领域，因其具有较高的灵敏度和分辨率，特别适合于兴奋剂检测以及临床和法医毒理学中的药物筛选。

4.1.3 高效液相色谱法

高效液相色谱法（high performance liquid chromatography，HPLC）是以液体为流动相的色谱分析方法。20世纪60年代，在经典液相色谱法的基础上，结合气相色谱的理论而迅速发展起来的。为了提高理论塔板数，采用小颗粒填料并以高压驱动流动相，使得经典液相色谱需要数日乃至数月完成的分离工作得以在几个小时甚至几十分钟内完成。

（1）基本原理

被高压驱动的流动相将混合样品溶液载入色谱柱的固定相内，不同性质的物质在两相中由于具有不同的分配系数，当流动相推动样品溶液在两相中做相对运动时，经过多次反复吸附-解吸的分配过程，不同性质的物质移动速度就产生差异，经过足够柱长的色谱柱后便彼此分离，先后顺序地离开色谱柱进入检测器被检测。

（2）基本特点

高效液相色谱法借鉴了气相色谱法的成功经验，克服了经典液相色谱法效率低、分离速度慢等缺陷。它的特点主要体现在以下方面：①分析精度高，高效液相色谱的自动化程度高，可以实现对分析条件、分析过程的全自动化操作，因而重现性好、分析精度高；②灵敏度高，高效液相色谱法中检测器大多数采用的是高灵敏度检测器，提高了分析的灵敏度，如紫外吸收检测器检出限可达到 10^{-9}g，荧光检测器的检出限可达到 10^{-11}g；③分离效率高；④分析速度快，高效液相色谱仪配备了高压泵，相比经典液相色谱，分析时间大大缩短，一般小于 1h；⑤适用范围广，高效液相色谱法适用于分析液体和固体溶液等样品，且不受样品挥发度和热稳定性的限制，对于不适合气相色谱分析的大分子及沸点高、极性强、热稳定性差的物质仍可进行分析。

（3）仪器结构

高效液相色谱仪由贮液器、高压泵、进样器、色谱柱、检测器、记录仪等几部分组成，图 4-3 给出了高效液相色谱仪的基本结构图。高压泵用来输送流动相，色谱柱是以特殊的方法采用小粒径的填料填充而成的，以提高塔板数、改善分辨率，用于分离各组分。高效液相色谱法常用的检测器有紫外检测器（单波长紫外检测器、二极管阵列检测器）、示差折光检测器、荧光检测器、电化学检测器等。其中荧光检测器对有荧光的物质具有很高的检测灵敏度。

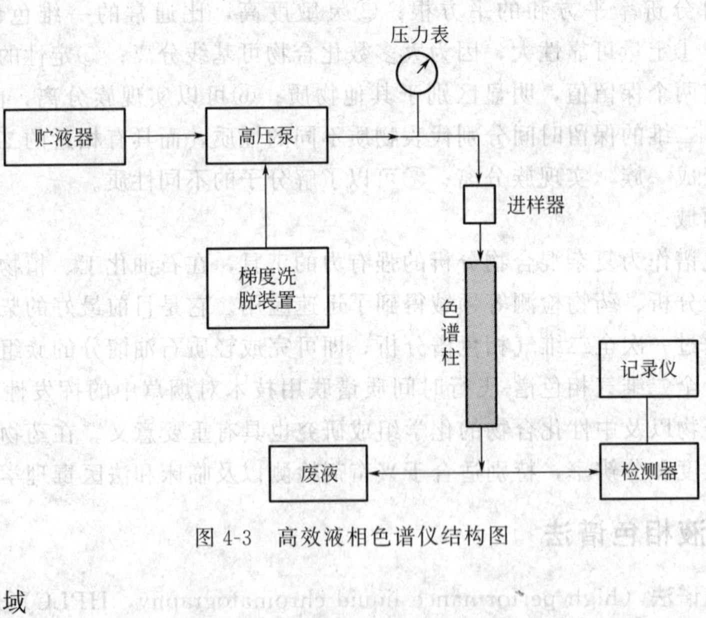

图 4-3　高效液相色谱仪结构图

（4）应用领域

高效液相色谱法与气相色谱法相比，应用更广泛。气相色谱法虽然具有分离能力强、灵敏度高、分析速度快、操作方便等优点，但气相色谱检测需要加热，受高温等技术条件的限制，沸点太高或热稳定性差的物质都难于用气相色谱法进行分析。而高效液相色谱法只要求样品能制成溶液，不需要汽化，可以不受试样挥发性的限制。沸点高、热稳定性差、分子量大于400的有机物原则上都可以用高效液相色谱法进行分离分析。多环芳烃属于高沸点化合物，气相色谱测定灵敏度低，其分析条件接近气相色谱极限，采用液相色谱法测定分析结果更稳定。据统计，在已知的化合物中，能用气相色谱分析的约占20%，能用液相色谱分析的占70%～80%。

4.1.4 超高效液相色谱法

超高效液相色谱法（ultra performance liquid chromatography，UPLC）是美国Waters公司于2004年3月正式推出的分离科学新技术。它是基于小颗粒填料和液相色谱原理的一种新的色谱分析方法，具有超高分离度、高的分析速度和高灵敏度的特点。

科学家将HPLC的极限作为UPLC的研究起点。由Van-Deemter曲线可以得到以下几点启示：首先，颗粒度越小柱效越高；其次，不同的颗粒度有各自最佳柱效的流速；最后，更小的颗粒度使最高柱效点向更高流速（线速度）方向移动，而且有更宽的线速度范围。所以降低颗粒度不但能提高柱效，同时还能提高分析速度。使用更高的流速会受到色谱柱填料耐压及仪器耐压的限制。反之，如果不用到最佳流速，小颗粒度填料的高柱效就无法体现。此外，更高的柱效需要更小的系统体积和更快的检测速度等一系列条件的支持，否则小粒度填料的高柱效同样无法充分体现。超高效液相色谱围绕1.7μm的小颗粒技术进行整体设计，形成了系列创新技术，大幅度地改善了液相色谱的分离度、样品通量和灵敏度，是分离科学和技术的巨大进步，液相色谱亦由此进入了全新的时代。主要表现为：①UPLC采用1.7μm小颗粒技术使得柱效比5μm颗粒液相柱的柱效提高了3倍，大幅提高了峰的分离度，可以分离出更多的色谱峰，从而使样品所能提供的信息达到了一个新的水平；②采用了1.7μm小颗粒技术，使得色谱柱比5μm颗粒液相柱缩短2/3而柱效不变，分离可以在高3倍的流速下进行，分析速度比HPLC提高9倍；③采用小颗粒技术得到了更高的柱效、更窄的色谱峰宽，获得了更高的灵敏度，与HPLC相比灵敏度提高3倍；④采用了小颗粒技术流动相分析流量大幅降低，减少了溶剂消耗，因而超高分离度、超高速度、超高灵敏度、低有机溶剂使用量成为超高效液相色谱的突出优点。

UPLC不仅比传统HPLC具有更高的分离能力，而且结束了人们多年来不得不在速度和分离度之间艰难割舍的历史，与新技术色谱柱相结合，可以在很宽的线速度、流速和高反压下进行高效的分离工作，以更快的速度和更高的质量完成以往HPLC的工作，并获得优异的结果。

UPLC除与紫外检测器、二极管阵列检测器、荧光检测器等联用获取超高灵敏、超高分离度外，更适合与单四极杆、串联四极杆、飞行时间质谱联用，使UPLC与质谱的优势发挥到极致。目前UPLC在药物、蛋白和代谢组学、食品安全监测、水质污染监控等领域得到迅速应用。对于样品批量大、有机污染物含量低、样品保存期短的分析对象，UPLC成为重要的技术手段之一。

4.2 有机质谱法

(1) 基本原理

以电子轰击或其他方式使被测物质离子化，形成各种质荷比（m/z）的离子，然后利用电磁学原理使离子按不同质荷比分离并测量其强度，从而确定被测物质的分子量、结构和含量。有机质谱仪主要用于有机化合物结构鉴定，提供化合物的分子量、元素组成、官能团结构等信息，成为测定物质质量和组分含量的重要手段之一。

（2）仪器结构

有机质谱仪一般由进样系统、离子源、质量分析器、离子检测器等部分组成，除此以外，还有真空系统和供电系统。根据电离方式不同，进样系统把样品送入离子源的适当部位。离子源是把样品分子或原子电离成离子的装置。质量分析器是按照电磁场的原理将来自离子源的离子按照质荷比大小分离开来的装置。检测器是测量、记录离子强度以获得质谱图的装置。

（3）有机质谱分类

有机质谱仪按质量分析器的工作原理分为磁质谱仪（单聚焦磁质谱仪和双聚焦磁质谱仪）、四极杆质谱仪、离子阱质谱仪、飞行时间质谱仪等。按工作效能分为低分辨质谱（分辨率≤1000）、中分辨质谱（分辨率在1000～5000）和高分辨质谱（分辨率≥5000）。双聚焦磁质谱属于高分辨率质谱，分辨率达10000以上。高分辨质谱可以精确地测量离子的质量，精确度可达小数点后4位，而低分辨质谱则只能测量到离子质量的整数值。四极杆质谱仪、离子阱质谱仪和飞行时间质谱仪属于低分辨率质谱仪。高分辨质谱仪器检测数据准确、可靠，但由于价格昂贵，维修操作复杂、维护费用高，应用并不普遍。近年随着我国国力日渐增强，高分辨质谱仪器也逐渐走进普通实验室。

（4）有机质谱特点

有机质谱法能用于分子组成、结构和分子量的测定，是其他技术无法比拟的。该方法灵敏度高，可检测到10^{-7}～10^{-12}g的物质；速度快，几分钟甚至几秒钟可完成检测；通用性高，可用于能离子化的所有物质的检测。有机质谱通过与GC、LC联用，可一次性检测各类复杂的混合物。

4.2.1 气相色谱-质谱法

气相色谱-质谱法（gas chromatography-mass spectrometry，GC-MS）是一种联用技术，兼具气相色谱高效、快速分离和质谱准确定性、灵敏检测的特性，从而实现对复杂混合有机物更准确的定性和定量分析，是目前最成功的联用技术之一，几乎所有有机质谱仪器公司均有商品GC-MS仪器推出。

（1）基本原理

利用性质不同的物质在气相和固定相中的分配系数不同，汽化后的混合样品被载气带入色谱柱中运行，不同性质的物质在两相间反复多次分配，经过足够柱长移动后便彼此分离，按顺序进入质谱仪。进入质谱仪的物质再经离子化、按质荷比经质量分析器分离后被质谱检测器检测。

（2）仪器结构

在GC-MS仪中可以将气相色谱仪视作质谱仪进样器，也可将质谱仪视作气相色谱的检测器。GC-MS仪主要由色谱、接口、质谱等单元构成。电子轰击源（EI）、化学电离源（CI）、场致电离源等可用作气相分子（原子）离子化的离子源。EI是使用最为广泛的离子源，已形成专用和通用的有机标准物质谱库，如NIST库、Wiley库、农药库、挥发油库等，为定性分析提供了很大方便。磁质量分析器、四极杆质量分析器、离子阱质量分析器、飞行时间质量分析器等各种类型的质量分析器都可以用作 GC-MS 仪的质量分析器。一个典型的 GC-MS 仪器由图 4-4 所示各部分组成。

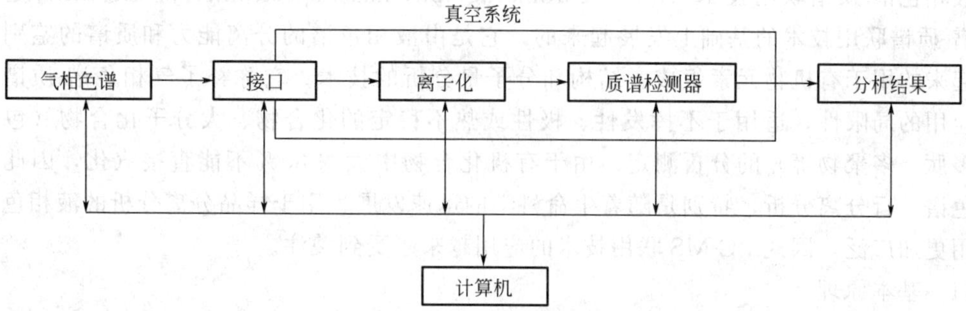

图 4-4 气相色谱-质谱联用仪结构示意图

(3) 基本特点

无论是气相色谱或是质谱法各有其长处和短处，GC-MS 联用则能够取长补短，充分发挥气相色谱法高分离效率和质谱法定性专属性强的特点，因此解决问题的能力更强，具有更大的优势：

① 气相色谱作为进样系统，将待测样品进行分离后直接导入质谱进行检测，既满足了质谱分析对样品单一性的要求，还省去了样品制备、转移的烦琐过程，不仅避免了样品受污染，还能有效控制质谱进样量，也减少了质谱仪器的污染，极大地提高了混合物的分离、定性、定量分析效率。

② 质谱作为检测器，检测的是离子质量，获得的是化合物的质谱图，避免了气相色谱定性存在局限性的问题，既是一种通用性检测器，又是选择性的检测器。质谱法的多种电离方式可使各种样品分子得到有效的电离，所有离子经质量分析器分离后均可以被检测，有广泛适用性。而且质谱的多种扫描方式和质量分析技术，可以有选择地只检测所需要的目标化合物的特征离子，而不检测不需要的离子，如此专一的选择性，不仅能排除基质和杂质峰的干扰，还极大地提高了检测灵敏度。

③ 联用的优势还体现在可获得更多信息。单独使用气相色谱只能获得保留时间、强度两维信息，单独使用质谱也只能获得质荷比和强度两维信息，而气相色谱-质谱联用可得到质量、保留时间、强度三维信息。增加一维信息意味着增强了解决问题的能力。化合物的质谱特征加上气相色谱保留时间双重定性信息，和单一定性分析方法比较，显然专属性更强。质谱特征相似的同分异构体，靠质谱图有时难以区分，但结合色谱保留时间就不难鉴别了。

(4) 应用领域

GC-MS 联用解决了许多复杂混合物的分离、鉴定和含量测定问题，在石油、化工、医药、食品、农业、环境领域中都有广泛的应用，成为地下水调查、土壤质量调查、油气勘探等最重要的技术手段。目前气相色谱-质谱可用于水、水系沉积物、土壤、农产品等样品中挥发性有机物的测定，如有机氯农药、多氯联苯、多环芳烃、毒杀芬、二噁英、呋喃和多溴联苯醚类等挥发性、半挥发性有机物的测定，特别是结合高分辨率质谱的高灵敏度特点可用于水、土壤、沉积物和生物样品中痕量甾醇、荷尔蒙等目标分析物的准确分析。

4.2.2 液相色谱-质谱法

液相色谱-质谱联用技术（liquid chromatography-mass spectrometry，LC-MS）是在气相色谱-质谱联用技术的基础上发展起来的。它是由液相色谱的分离能力和质谱的鉴别能力组合起来的用于有机物元素组成、结构和分子量分析的技术。它弥补了气相色谱-质谱联用技术应用的局限性，适用于不挥发性、极性或热不稳定的化合物、大分子化合物（包括蛋白、多肽、多聚物等）的分析测定。由于有机化合物中大约80%不能直接汽化，因此需用液相色谱进行分离分析，特别是随着生命科学的迅速发展，用于样品分离分析的液相色谱技术使用更加广泛，因此LC-MS联用技术的应用越来越受到关注。

（1）基本原理

样品通过液相色谱系统进样，分离后进入接口单元；在接口单元中，溶液中组分的分子或离子转变成气相分子或离子并被聚焦后送入质量分析器，各种离子在质量分析器中按质荷比分离并依次进入检测器进行检测。

（2）仪器结构

液相色谱-质谱仪主要由液相色谱、接口、质量分析器、真空系统、检测器和计算机系统组成，一个典型的LC-MS仪器结构如图4-5所示。液相色谱-质谱联用仪的液相色谱部分在原理上与传统的液相色谱基本相同，但在流动相介质选取和流量的设置方面必须考虑与质谱的兼容。在液相色谱-质谱联用仪中可以将质谱看作是液相色谱的检测器，也可将液相色谱看作是质谱仪的进样器。LC-MS联用仪中使用较普遍的接口和离子化方式主要有电喷雾电离（ESI）、大气压化学电离（APCI）等。质量分析器多采用四极杆、离子阱等，其次是磁质量分析器，目前飞行时间质量分析器也逐渐增多。

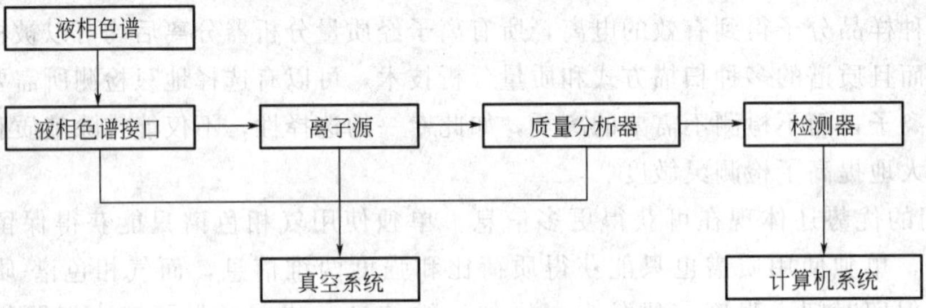

图4-5 液相色谱-质谱联用仪结构图

（3）基本特点

随着联用技术的日趋成熟，LC-MS日益显现出优越的性能。它除了可以弥补GC-MS的不足之外，适用于不挥发性、极性或热不稳定的化合物、大分子化合物（包括蛋白、多肽、多聚物等）的分析测定，还具有以下几方面的优点：

① 广适性检测器，MS几乎可以检测所有的化合物，解决了分析热不稳定化合物的难题；

② 分离能力强，即使在色谱上没有完全分离开，但通过MS的特征离子质量色谱图也能分别画出它们各自的色谱图来进行定性定量，可以给出每一个组分的丰富的结构信息和分子量，并且定量结果十分可靠；

③ 检测限低，MS具备高灵敏度，它可以在$<10^{-12}$ g水平下检测样品，通过选择离子

检测方式，其检测能力还可以提高一个数量级；

④ 可以让科学家从分子水平上研究生命科学；

⑤ 质谱引导的自动纯化，以质谱给馏分收集器提供触发信号，可以大大提高制备系统的性能，克服了传统 UV 制备中的很多问题。

（4）应用领域

近年来，液相色谱-质谱联用技术有了飞速发展，在药物、化工、分子生物学、环境检测等领域应用越来越广泛，已经进入普通实验室。

在环境检测和筛查方面，液相色谱-质谱的应用不断拓展，应用 LC-MS 分析全氟化合物、环境激素、新药、个人护肤品、生物活性和极性化合物。在农药残留检测方面，应用 LC-MS 分析苯脲、三嗪、氨基甲酸酯、氯苯氧乙酸及硝基酚等。在空气质量检测方面，应用 LC-MS 分析多环芳烃（PAHs）及其硝基衍生物。过去，上述物质主要采用 HPLC 或 GC-MS 衍生进行分析，由于这类物质分子量通常较大，熔、沸点较高，含量较低而很难准确测定，LC-MS 为这类物质的分析提供了新方法。

第 5 章 地质样品有机分析测试应用举例

5.1 土壤中有机污染物的分析

5.1.1 加速溶剂萃取-气相色谱-质谱法测定土壤中的有机氯农药

（1）方法提要

利用加速溶剂萃取法（ASE）提取土壤中 20 种有机氯农药，提取剂为正己烷和丙酮（1∶1，体积比）的混合溶剂，萃取温度 100℃，压力 1500psi，静态提取 10min，循环提取 2 次，提取液经石墨化炭黑固相萃取柱净化。净化后的液体通过氮吹仪浓缩，最后进入气相色谱-质谱仪进行定性定量分析。

首先在全扫描模式下获得 20 种有机氯农药化合物的质谱图，通过目标组分的质谱图和保留时间与计算机谱库中的质谱图和保留时间作对照进行定性分析；再选择每个目标物质谱图中相对丰度高的 2～3 个碎片离子初步定为母离子，然后在子离子扫描模式下，针对每个母离子选择响应高的二级碎片离子作为其子离子，之后优化碰撞能量，一般选择响应最大的子离子作为定量离子，响应较大的子离子作为定性离子，也可以根据实际情况选择响应值较高、受干扰小的子离子作为定量离子，用外标法定量。

本方法可以检测的化合物列于表 5-1 中。

表 5-1 可分析的有机氯化合物列表

序号	化合物名称	序号	化合物名称
1	α-六六六	11	狄氏剂
2	β-六六六	12	p，p′-DDE
3	γ-六六六	13	异狄氏剂
4	δ-六六六	14	硫丹（Ⅱ）
5	七氯	15	p，p′-DDD
6	艾氏剂	16	异狄氏剂醛
7	外环氧七氯	17	硫丹硫酸盐酯
8	*trans*-氯丹	18	p，p′-DDT
9	*cis*-氯丹	19	异狄氏剂酮
10	硫丹（Ⅰ）	20	甲氧滴滴涕

（2）标准物质色谱图

标准物质的总离子流色谱图见图 5-1。

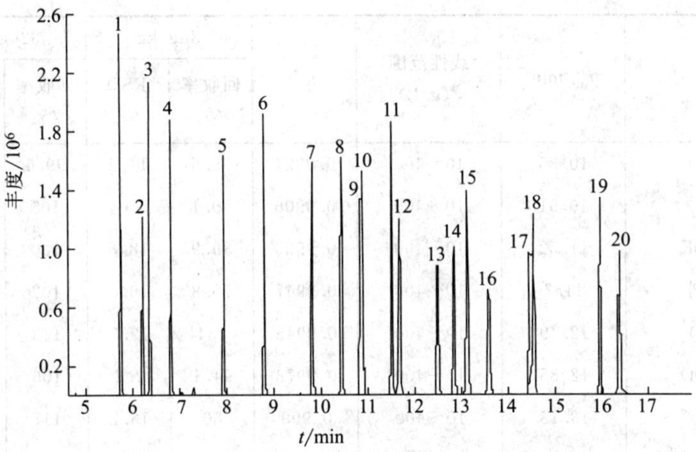

图 5-1　20 种有机氯化合物标准总离子流色谱图

1—α-六六六；2—β-六六六；3—γ-六六六；4—δ-六六六；5—七氯；6—艾氏剂；7—外环氧七氯；8—*trans*-氯丹；9—*cis*-氯丹；10—硫丹（Ⅰ）；11—狄氏剂；12—*p*,*p*′-DDE；13—异狄氏剂；14—硫丹（Ⅱ）；15—*p*,*p*′-DDD；16—异狄氏剂醛；17—硫丹硫酸盐酯；18—*p*,*p*′-DDT；19—异狄氏剂酮；20—甲氧滴滴涕

（3）方法性能指标

用正己烷配制 0.5μg/L、2μg/L、10μg/L、50μg/L、100μg/L、200μg/L 和 400μg/L 20 种有机氯混合标准溶液系列，以峰面积对应质量浓度绘制标准曲线。20 种有机氯农药中，六六六质量浓度在 0.5～400μg/L 之间，其余组分质量浓度在 10～400μg/L 之间时，线性关系良好。方法检出限（LOD）以 3 倍信噪比（$S/N=3$）确定，当称样量为 5g 时，检出限在 0.1～3.0μg/kg 之间。在 5g 实际土壤中分别添加 8μg/kg 和 32μg/kg 有机氯农药，平行测定 6 次，低浓度加标回收率为 70.3%～134%，相对标准偏差（RSD）<23%；高浓度加标回收率为 87.4%～128%，相对标准偏差（RSD）除异狄氏剂醛（24.4%）外，其余均<20%。具体列于表 5-2 中。

表 5-2　选择离子检测方法检出限、线性范围、回收率及检出限

序号	化合物	t_R/min	线性范围 /(g/L)	R^2	8μg/kg 回收率 /%	8μg/kg RSD /%	32μg/kg 回收率 /%	32μg/kg RSD /%	LOD /(μg/kg)
1	α-六六六	5.76	0.5～400	0.9977	88.9	5.4	92.7	9.8	0.1
2	β-六六六	6.23	0.5～400	0.9982	94.9	3.4	103	6.5	0.1
3	γ-六六六	6.37	0.5～400	0.985	92.7	7.6	96.4	10.4	0.1
4	δ-六六六	6.83	0.5～400	0.9866	96.5	3.4	112	17.9	0.1
5	七氯	7.94	10～400	0.9944	90.6	10.5	93.6	15.6	0.4
6	艾氏剂	8.79	10～400	0.99	84.8	7.7	87.4	14.5	0.4
7	外环氧七氯	9.8	10～400	0.9876	87.4	6.3	97	15.5	0.4
8	*trans*-氯丹	10.45	10～400	0.9981	85.6	7	94.7	15.3	0.4
9	*cis*-氯丹	10.84	10～400	0.9966	70.3	22.6	114	11.9	0.4

续表

序号	化合物	t_R/min	线性范围/(g/L)	R^2	8μg/kg		32μg/kg		LOD/(μg/kg)
					回收率/%	RSD/%	回收率/%	RSD/%	
10	硫丹(Ⅰ)	10.86	10～400	0.9821	95.5	14.6	99.6	9.5	0.4
11	狄氏剂	10.91	10～400	0.9906	90.1	5.04	105	12.3	0.4
12	p,p'-DDE	11.52	10～400	0.9966	89.9	18.8	100	14.4	3
13	异狄氏剂	11.7	10～400	0.9947	70.8	16.7	102	17.7	3
14	硫丹(Ⅱ)	12.49	10～400	0.9945	134	19.2	113	13.8	0.8
15	p,p'-DDD	12.85	10～400	0.9973	94.1	2.2	106	14.3	0.4
16	异狄氏剂醛	13.13	10～400	0.999	80	16.2	117	24.4	3
17	硫丹硫酸盐酯	14.45	10～400	0.997	93.8	4.9	119	13.4	0.8
18	p,p'-DDT	14.52	10～400	0.9974	89.9	2.6	97.8	16.6	0.8
19	异狄氏剂酮	15.96	10～400	0.9979	81.3	9.1	128	15.2	2
20	甲氧滴滴涕	16.36	10～400	0.9931	90.6	4.9	112	16.8	1

5.1.2 超声波萃取-气相色谱-质谱联用法测定土壤中的多氯联苯

多氯联苯（polychlorinated biphenyls，PCBs）是典型的持久性有机污染物（persistent organic pollutants，POPs），具有稳定的化学结构，在自然环境中很难降解，土壤是其在环境中重要的载体。其特性主要有：难降解性、生物蓄积性、生物毒性、远距离迁移性等。同时，多氯联苯对生态环境危害极大，可导致癌症、不孕、脑损伤及发育迟缓等。样品的前处理对定量检测土壤中的多氯联苯含量是十分重要的一个环节。目前多氯联苯的前处理方法主要有固相萃取法、超声波萃取法、加速溶剂萃取法、索氏萃取法和超临界流体萃取法。采用超声波萃取法提取，保持提取溶剂与提取样品充分反应，其提取效果好，回收率高，提取样品范围广且易于操作，气相色谱-质谱联用仪（GC-MS）采用选择离子扫描模式，测定土壤中 8 种多氯联苯混合物。

（1）方法提要

称取 10g 土壤样品，加入 30mL 正己烷/丙酮溶液（体积比为 1∶1），超声波萃取 5min。重复上述萃取过程 3 次，合并萃取溶液，氮吹浓缩至近干，用正己烷定容至 1.0mL。用约 12mL 正己烷/丙酮溶液（体积比为 9∶1）洗涤、活化弗罗里硅土柱，将上述正己烷浓缩液转移到小柱上过柱净化，用正己烷/丙酮溶液（体积比为 9∶1）洗涤，接收约 10mL 至浓缩管，氮吹浓缩至 1.0mL，用 GC-MS 测定。

应用 GC-MS 分析时先通过全扫描方式得到各组分碎片离子的信息，结合含氯同位素的丰度比进行定性后，挑选丰度强的特征离子碎片作为选择离子模式（SIM）扫描的定量离子，见表 5-3，再根据外标法进行定量分析。多氯联苯的标准离子流色谱图见图 5-2。

（2）方法性能指标

测定浓度分别为 10μg/L、20μg/L、40μg/L、60μg/L、100μg/L 的 8 种混合多氯联苯标准溶液，绘制标准曲线，线性相关系数均大于 0.998；最低检出限为 0.03μg/kg。取 3 倍信噪比所对应的分析物质浓度作为方法的检出限，结果列于表 5-4 中。

表 5-3 多氯联苯的检测离子

峰序号	目标化合物	保留时间/min	定量离子的质荷比(m/z)	定性离子的质荷比(m/z)	
1	PCB15	9.28	222	224	152
2	PCB28	9.825	256	260	186
3	PCB52	10.301	292	290	294
4	PCB101	11.873	326	324	291
5	PCB118	13.426	326	328	324
6	PCB153	14.018	360	362	364
7	PCB138	14.882	360	362	364
8	PCB180	17.39	395	396	398

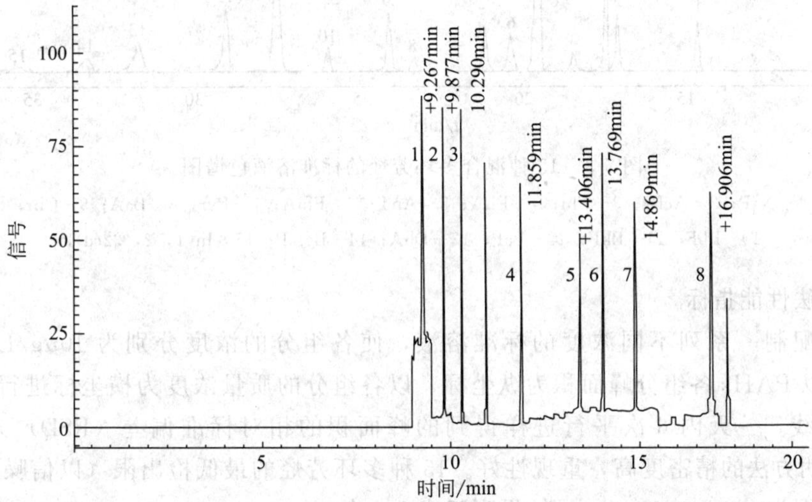

图 5-2 多氯联苯标准物总离子流色谱图

1—PCB15；2—PCB28；3—PCB52；4—PCB101；5—PCB118；6—PCB153；7—PCB138；8—PCB180

表 5-4 选择离子检测回归方程、相关系数及检出限

目标化合物	保留时间/min	回归方程	相关系数(R^2)	检出限/(μg/kg)
PCB15	9.28	$y=-0.43x^2+667.86x-282.01$	0.99989	0.055
PCB28	9.825	$y=0.14x^2+577.90x+428.47$	0.99939	0.048
PCB52	10.301	$y=-0.36x^2+607.26x+279.82$	0.99954	0.037
PCB118	13.426	$y=0.22x^2+381.36x-84.11$	0.99984	0.23
PCB153	14.018	$y=-0.12x^2+410.35x-362.19$	0.99990	0.18
PCB138	14.882	$y=0.42x^2+301.93x+156.38$	0.99980	0.20
PCB180	17.39	$y=0.02x^2+265.01x+38.33$	0.99985	0.079

注：PCB101 数据源文献缺失。该文献的源文献为：曾勤，刘清辉. 气相色谱-质谱法测定土壤中8种多氯联苯 [J]. 石油化工安全环保技术，2011，27（6）：49-51.

5.1.3 液相色谱法测定土壤中的多环芳烃

（1）方法提要

准确称取 10.00g 土壤样品于索氏提取器中，加入 120mL 二氯甲烷与丙酮（体积比 1∶1）混合溶剂，连续提取 6h（提取温度为 60℃）。提取液过无水硫酸钠，再用自动浓缩仪浓缩，并用乙腈定容到1mL，利用HPLC-荧光仪进行测定。

根据保留时间定性，外标法定量。

（2）标准色谱图

标准物质色谱图见图5-3。

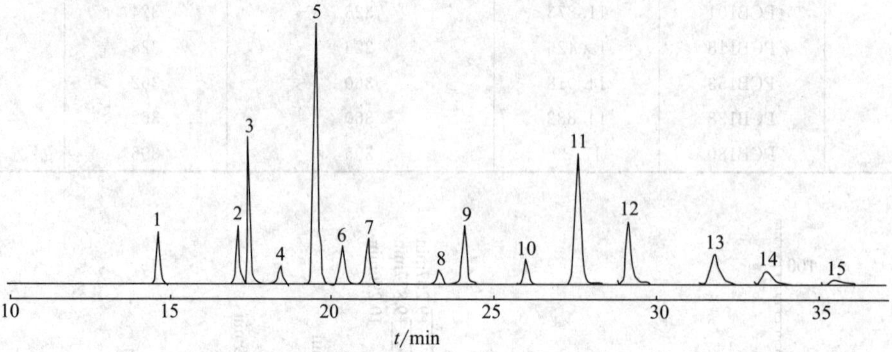

图5-3　15种混合多环芳烃的标准溶液色谱图

1—NaP；2—AcPy；3—Flu；4—PhA；5—AnT；6—FluA；7—Pyr；8—BaA；9—Chr；10—BbF；11—BkF；12—BaP；13—DbA；14—BghiP；15—In(1，2，32cd)P

（3）方法性能指标

用甲醇配制一系列不同浓度的标准溶液，使各组分的浓度分别为10μg/L、20μg/L、200μg/L，以PAHs各组分峰面积为纵坐标，以各组分的质量浓度为横坐标进行线性回归，得到标准曲线。一天内6次平行进样得到的峰面积的相对标准偏差（RSD）为0.60%～4.60%，表明方法的精密度高，重现性好。15种多环芳烃的最低检出限（以信噪比$S/N=3$计算）的范围为0.1～0.8μg/kg，结果列于表5-5中。

表5-5　方法的线性方程和最低检测限

PAHs	线性方程	LOD/(μg/kg)	R^2
NaP	$y=1369.0x+0.7432$	0.5	0.9997
AcPy	$y=1585.1x-0.4725$	0.8	0.9998
Flu	$y=3828.8x-0.4127$	0.1	0.9995
PhA	$y=5001.0x+0.7801$	0.15	0.9993
AnT	$y=7023.2x+8.0085$	0.1	0.9999
FluA	$y=1018.5x+1.2599$	0.3	0.9992
Pyr	$y=1250.6x+3.3842$	0.1	0.9999
BaA	$y=419.4x+0.4718$	0.1	0.9996
Chr	$y=1685.8x+2.3978$	0.5	0.9999
BbF	$y=867.9x+0.9703$	0.1	0.9998
BkF	$y=5496.4x+5.4734$	0.1	0.9995
BaP	$y=3050.2x-5.4744$	0.1	0.9997
DbA	$y=1822.8x-0.4893$	0.3	0.9999
BghiP	$y=822.7x-1.5416$	0.6	0.9996
In(1,2,32cd)P	$y=114162x+118677$	0.7	0.9999

5.2 地下水中有机污染物的分析

5.2.1 吹扫捕集/气相色谱-质谱法测定地下水中的挥发性有机物

(1) 方法提要

以吹扫捕集-气相色谱-质谱法测定水样中的挥发性有机物为例，基本流程是借助吹扫-捕集装置，将惰性气体（氦气或氮气）通入水样，把水样中低水溶性的挥发性有机物及加入的内标化合物吹脱出来，捕集在装有适当吸附剂的捕集管内；吹脱程序完成后，捕集管被加热并以氦气反吹，将所吸附的组分解吸入毛细管气相色谱（GC）柱中，组分经程序升温气相色谱分离后，用质谱仪（MS）检测。

通过目标组分的质谱图和保留时间与计算机谱库中的质谱图和保留时间作对照进行定性分析；每个定性出来的组分的浓度取决于其定量离子与内标物定量离子的质谱响应之比。每个样品中含已知浓度的内标化合物，用内标校正程序测量。

本方法可以检测的化合物列于表5-6中。

表5-6 可分析的VOCs化合物列表（含替代物和内标物）

序号	化合物名称	序号	化合物名称
1	氯乙烯	20	反-1,3-二氯丙烯
2	1,1-二氯乙烯	21	1,1,2-三氯乙烯
3	二氯甲烷	22	四氯乙烯
4	甲基叔丁基醚	23	二溴氯甲烷
5	反-1,2-二氯乙烯	24	氯苯
6	1,1-二氯乙烷	25	乙苯
7	氯仿(三氯甲烷)	26	间二甲苯
8	二溴氟甲烷(替代物)	27	对二甲苯
9	1,1,1-三氯乙烷	28	邻二甲苯
10	四氯化碳	29	苯乙烯
11	1,2-二氯乙烷	30	溴仿(三溴甲烷)
12	苯	31	1,1,2,2-四氯乙烷
13	氟苯(内标)	32	4-溴氟苯(替代物)
14	三氯乙烯	33	1,3-二氯苯
15	1,2-二氯丙烷	34	1,4-二氯苯
16	溴二氯甲烷	35	1,2-二氯苯-d4(内标物)
17	顺-1,3-二氯丙烯	36	1,2-二氯苯
18	甲苯-d8(替代物)	37	1,2,4-三氯苯
19	甲苯	38	萘

（2）标准物质色谱图

标准物质的总离子流色谱图见图 5-4。

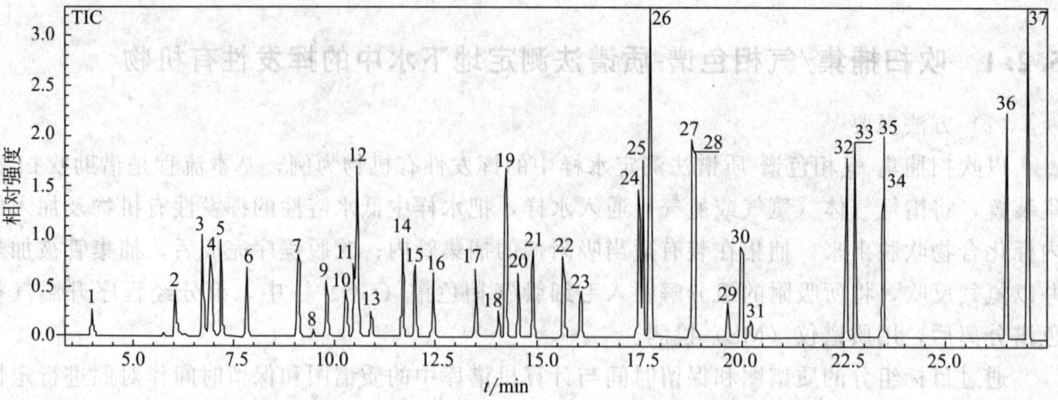

图 5-4　挥发性有机物标准总离子流色谱图

1—氯乙烯；2—1,1-二氯乙烯；3—二氯甲烷；4—甲基叔丁基醚；5—反-1,2-二氯乙烯；6—1,1-二氯乙烷；7—氯仿；8—二溴氟甲烷；9—1,1,1-三氯乙烷；10—四氯化碳；11—1,2-二氯乙烷；12—苯；13—氟苯；14—三氯乙烯；15—1,2-二氯丙烷；16—溴二氯甲烷；17—顺-1,3-二氯丙烯；18—甲苯-d8；19—甲苯；20—反-1,3-二氯丙烯；21—1,1,2-三氯乙烷；22—四氯乙烯；23—二溴氯甲烷；24—氯苯；25—乙苯；26—间二甲苯和对二甲苯；27—邻二甲苯；28—苯乙烯；29—溴仿；30—1,1,2,2-四氯乙烷；31—4-溴氟苯；32—1,3-二氯苯；33—1,4-二氯苯；34—1,2-二氯苯-d4；35—1,2-二氯苯；36—1,2,4-三氯苯；37—萘

（3）方法性能指标

方法检出限定义为以 3 倍噪声水平的信号所对应的浓度，它是多次测量的平均值。全扫描检测方法检出限参见表 5-7，在实际检测中方法检出限更大程度依赖于仪器灵敏度和样品基体。全扫描检测方法的线性范围和相关系数见表 5-7，选择离子检测方法的检出限和线性范围见表 5-8。

表 5-7　全扫描检测方法检出限、线性范围及相关系数

组分	相关系数(R^2)	线性范围/(μg/L)	检出限/(μg/L)
氯乙烯	0.9983	0.40～160	0.40
1,1-二氯乙烯	0.9998	0.10～80	0.10
二氯甲烷	0.9999	0.10～80	0.10
甲基叔丁基醚	0.9998	0.10～80	0.10
反-1,2-二氯乙烯	0.9999	0.10～80	0.10
1,1-二氯乙烷	0.9999	0.20～80	0.20
三氯甲烷	0.9999	0.10～80	0.10
1,1,1-三氟乙烷	0.9999	0.10～80	0.10
四氯化碳	0.9999	0.10～80	0.10
1,2-二氯乙烷	0.9999	0.10～80	0.10
苯	0.9999	0.10～80	0.10
三氯乙烯	0.9999	0.10～80	0.10

续表

组分	相关系数(R^2)	线性范围/(μg/L)	检出限/(μg/L)
1,2-二氯丙烷	0.9999	0.10～80	0.10
溴二氯甲烷	0.9995	0.10～80	0.10
顺-1,3-二氯丙烯	0.9998	0.20～80	0.20
甲苯	0.9999	0.10～80	0.10
反-1,3-二氯丙烯	0.9998	0.10～80	0.20
1,1,2-三氯乙烷	0.9999	0.10～80	0.10
四氯乙烯	0.9998	0.10～80	0.10
二溴氯甲烷	0.9998	0.10～80	0.10
氯苯	0.9996	0.10～80	0.10
乙苯	0.9998	0.10～80	0.10
间、对二甲苯	0.9999	0.10～80	0.10
邻二甲苯	0.9999	0.10～80	0.10
苯乙烯	0.9996	0.10～80	0.10
三溴甲烷	0.9997	0.20～80	0.20
1,1,2,2-四氯乙烷	0.9999	0.20～80	0.20
1,3-二氯苯	0.9996	0.10～80	0.10
1,4-二氯苯	0.9998	0.10～80	0.10
1,2-二氯苯	0.9998	0.10～80	0.10
1,2,4-三氯苯	0.9999	0.10～80	0.10
萘	0.9993	0.10～80	0.10

表 5-8 选择离子检测方法检出限及线性范围

组分	相关系数(R^2)	线性范围/(μg/L)	检出限/(μg/L)
氯乙烯	0.9995	0.40～160	0.10
1,1-二氯乙烯	0.9998	0.10～80	0.05
二氯甲烷	0.9999	0.10～80	0.05
甲基叔丁基醚	0.9999	0.10～80	0.05
反-1,2-二氯乙烯	0.9999	0.10～80	0.10
1,1-二氯乙烷	0.9999	0.20～80	0.05
三氯甲烷	0.9999	0.10～80	0.05
1,1,1-三氟乙烷	0.9999	0.10～80	0.05
四氯化碳	0.9998	0.10～80	0.05
1,2-二氯乙烷	0.9999	0.10～80	0.05
苯	0.9999	0.10～80	0.05
三氯乙烯	0.9999	0.10～80	0.05

续表

组分	相关系数(R^2)	线性范围/(μg/L)	检出限/(μg/L)
1,2-二氯丙烷	0.9999	0.10～80	0.10
溴二氯甲烷	0.9999	0.10～80	0.05
顺-1,3-二氯丙烯	0.9990	0.20～80	0.10
甲苯	0.9999	0.10～80	0.05
反-1,3-二氯丙烯	0.9986	0.10～80	0.10
1,1,2-三氯乙烷	0.9999	0.10～80	0.05
四氯乙烯	0.9999	0.10～80	0.05
二溴氯甲烷	0.9998	0.10～80	0.05
氯苯	0.9998	0.10～80	0.05
乙苯	0.9998	0.10～80	0.05
间、对二甲苯	0.9999	0.10～80	0.05
邻二甲苯	0.9999	0.10～80	0.05
苯乙烯	0.9995	0.10～80	0.05
三溴甲烷	0.9999	0.20～80	0.10
1,1,2,2-四氯乙烷	0.9999	0.20～40	0.10
1,3-二氯苯	0.9999	0.10～80	0.05
1,4-二氯苯	0.9985	0.10～80	0.05
1,2-二氯苯	0.9999	0.10～80	0.05
1,2,4-三氯苯	0.9995	0.10～80	0.05
萘	0.9994	0.10～80	0.05

5.2.2 气相色谱-质谱联用法测定地下水中的半挥发性有机物

(1) 方法提要

采用固相萃取法从水中萃取半挥发性有机物。先将水样的 pH 值调节为 2，通过固相萃取柱，再以乙酸乙酯、二氯甲烷、乙酸乙酯/二氯甲烷（1∶1）依次作为洗脱剂对地下水样进行洗脱，之后洗脱液进入 GC-MS 进行定性定量分析。

采用与标准谱库对照的方法进行定性分析。但由于测定化合物较多，将所测化合物分类定性可提高定性准确度。在全扫描模式下，分别取 1μL 有机磷混合标准、氯苯类混合标准、有机氯等农药混合标准、硝基苯类混合标准、酞酸酯类混合标准、多环芳烃混合标准、酸类混合标准和溴氰菊酯标准注入气相色谱-质谱联用仪中，将获取的总离子流图与标准谱库对照，相似度达 80%以上即可认定为目标化合物。对于同分异构体，它们的总离子流图与标准谱库对照时，如果出现一个色谱峰与几个异构体相似度同时达 80%以上的情况时，需要取单独的标准注入气相色谱-质谱联用仪进行进一步定性。

用选择离子扫描模式对组分进行定量分析。先根据全扫描模式下获得的每个组分的特征离子确定各组分的定量离子，一般选择丰度最高的特征离子作为定量离子；定量方式是外标法。地下水中各半挥发性组分的保留时间见表 5-9。

表 5-9 地下水中各半挥发性组分的保留时间

峰号	t_R/min	化合物	峰号	t_R/min	化合物
1	6.67	1,4-二氯苯	31	18.484	γ-六六六
2	7.235	1,2-二氯苯	32	18.505	阿特拉津
3	7.705	2-氯酚	33	18.507	呋喃丹
4	8.458	1,3,5-三氯苯	34	18.539	五氯酚
5	8.866	苯酚	35	18.654	对硝基酚
6	9.188	硝基苯	36	18.892	七氯
7	9.493	1,2,4-三氯苯	37	19.133	2,4,6-三硝基甲苯
8	10.173	间甲酚	38	19.363	乐果
9	10.255	邻硝基甲苯	39	19.938	百菌清
10	10.267	1,2,3-三氯苯	40	20.001	β-六六六
11	10.924	间硝基甲苯	41	20.168	毒死蜱
12	11.02	2,4-二氯酚	42	20.293	甲基对硫磷
13	11.269	对硝基甲苯	43	20.482	δ-六六六
14	11.342	间硝基氯苯	44	20.555	马拉硫磷
15	11.541	对硝基氯苯	45	20.858	七氯环氧化物
16	11.626	1,2,3,5-四氯苯	46	21.057	对硫磷
17	11.679	1,2,4,5-四氯苯	47	21.15	荧蒽
18	11.907	敌敌畏	48	21.705	*p*,*p*-DDE
19	11.959	邻硝基氯苯	49	22.615	*o*,*p*-DDT
20	12.607	1,2,3,4-四氯苯	50	23.148	除草醚
21	13.214	甲胺磷	51	23.347	*p*,*p*-DDD
22	13.415	2,4,6-三氯酚	52	23.744	*p*,*p*-DDT
23	15.18	对二硝基苯	53	25.028	邻苯二甲酸二(2-乙基己基)酚
24	15.556	间二硝基苯	54	29.236	邻苯二甲酸二辛酯
25	16.32	邻二硝基苯	55	32.758	苯并[*k*]荧蒽
26	16.466	2,4-二硝基甲苯	56	32.998	苯并[*b*]荧蒽
27	16.552	六氯苯	57	35.623	苯并[*a*]芘
28	16.947	2,4-二硝基氯苯	58	45.229	溴氰菊酯
29	17.606	α-六六六	59	51.988	茚并[1,2,3-*c*,*d*]芘
30	17.982	内吸磷	60	56.307	苯并[*g*,*h*,*i*]苝

(2) 标准物质色谱图

标准物质总离子流色谱图见图 5-5。

(3) 方法性能指标

对 5 个不同浓度的混合标准溶液进行测定，给每个化合物选择用于定量的特征离子，以

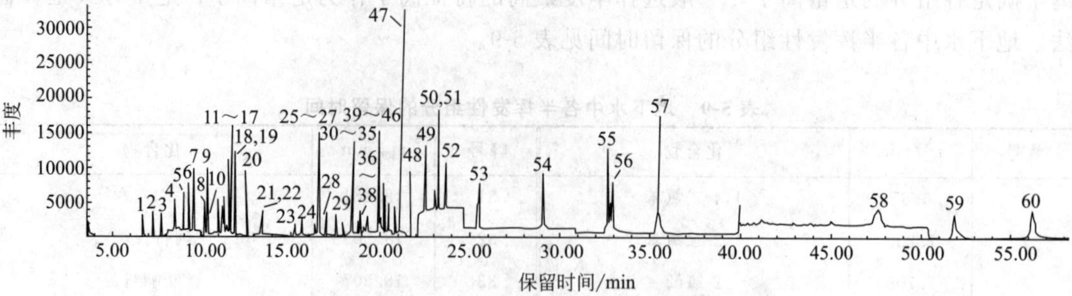

图 5-5 地下水中 60 种半挥发性物质的标准总离子流色谱图

1—1,4-二氯苯；2—1,2-二氯苯；3—2-氯酚；4—1,3,5-三氯苯；5—苯酚；6—硝基苯；7—1,2,4-三氯苯；8—间甲酚；9—邻硝基甲苯；10—1,2,3-三氯苯；11—间硝基甲苯；12—2,4-二氯酚；13—对硝基甲苯；14—间硝基氯苯；15—对硝基氯苯；16—1,2,3,5-四氯苯；17—1,2,4,5-四氯苯；18—敌敌畏；19—邻硝基氯苯；20—1,2,3,4-四氯苯；21—甲胺磷；22—2,4,6-三氯酚；23—对二硝基苯；24—间二硝基苯；25—邻二硝基苯；26—2,4-二硝基甲苯；27—六氯苯；28—2,4-二硝基氯苯；29—α-六六六；30—内吸磷；31—γ-六六六；32—阿特拉津；33—呋喃丹；34—五氯酚；35—对硝基酚；36—七氯；37—2,4,6-三硝基甲苯；38—乐果；39—百菌清；40—β-六六六；41—毒死蜱；42—甲基对硫磷；43—δ-六六六；44—马拉硫磷；45—七氯环氧化物；46—对硫磷；47—荧蒽；48—*p*,*p*-DDE；49—*o*,*p*-DDT；50—除草醚；51—*p*,*p*-DDD；52—*p*,*p*-DDT；53—邻苯二甲酸二（2-乙基己基）酯；54—邻苯二甲酸二辛酯；55—苯并[*k*]荧蒽；56—苯并[*b*]荧蒽；57—苯并[*a*]芘；58—溴氰菊酯；59—茚并[1,2,3-*c*,*d*]芘；60—苯并[*g*,*h*,*i*]芘

各化合物定量离子峰面积为纵坐标，质量浓度为横坐标进行线性回归。以噪声的三倍响应信号作为仪器检出限，各组分相应的标准曲线的检出限和相关系数见表 5-10。

表 5-10 方法的相关系数和检出限

化合物	检出限/(μg/L)	相关系数(R^2)	化合物	检出限/(μg/L)	相关系数(R^2)
1,4-二氯苯	2.28	0.9957	敌敌畏	1.11	0.9965
1,2-二氯苯	1.19	0.9956	邻硝基氯苯	0.83	0.9963
2-氯酚	1.36	0.9950	1,2,3,4-四氯苯	0.75	0.9952
1,3,5-三氯苯	0.61	0.9955	甲胺磷	15.87	0.9963
苯酚	1.64	0.9955	2,4,6-三氯酚	0.65	0.9953
硝基苯	2.71	0.9948	对二硝基苯	4.27	0.9973
1,2,4-三氯苯	0.33	0.9951	间二硝基苯	2.84	0.9972
间甲酚	0.60	0.9967	邻二硝基苯	5.36	0.9959
邻硝基甲苯	1.48	0.9952	2,4-二硝基甲苯	4.13	0.9985
1,2,3-三氯苯	0.38	0.9952	六氯苯	0.75	0.9943
间硝基甲苯	2.56	0.996	2,4-二硝基氯苯	0.42	0.9992
2,4-二氯酚	2.43	0.9966	α-六六六	1.29	0.9953
对硝基甲苯	0.86	0.9962	内吸磷	1.94	0.9998
间硝基氯苯	1.91	0.9950	γ-六六六	1.93	0.9965
对硝基氯苯	2.18	0.9952	阿特拉津	1.69	0.9950
1,2,3,5-四氯苯	0.25	0.9972	呋喃丹	0.24	0.9975
1,2,4,5-四氯苯	0.13	0.9955	五氯酚	2.39	0.9904

续表

化合物	检出限/(μg/L)	相关系数(R^2)	化合物	检出限/(μg/L)	相关系数(R^2)
对硝基酚	15.31	0.992	*p*,*p*-DDE	0.4	0.9949
七氯	1.3	0.9965	*o*,*p*-DDT	0.84	0.9945
2,4,6-三硝基甲苯	8.15	0.9996	除草醚	6.35	0.9999
乐果	2.1	0.9996	*p*,*p*-DDD	0.67	0.9960
百菌清	2.25	0.9924	*p*,*p*-DDT	1.33	0.9959
β-六六六	2.35	0.9958	邻苯二甲酸二(2-乙基己基)酚	3.92	0.9961
毒死蜱	0.53	0.9927	邻苯二甲酸二辛酯	5.48	0.9999
甲基对硫磷	1.80	0.9968	苯并[*k*]荧蒽	1.88	0.9983
δ-六六六	2.38	0.9944	苯并[*b*]荧蒽	2.44	0.9980
马拉硫磷	2.46	0.9966	苯并[*a*]芘	1.12	0.9993
七氯环氧化物	0.66	0.9940	溴氰菊酯	14.74	0.9984
对硫磷	3.03	0.9990	茚并[1,2,3-*c*,*d*]芘	3.04	0.9997
荧蒽	0.28	0.9958	苯并[*g*,*h*,*i*]芘	2.31	0.9996

5.2.3 气相色谱法测定地下水中的有机氯农药

(1) 方法提要

以气相色谱法测定地下水样品中六六六、滴滴涕和六氟苯为例，基本流程是利用正己烷液-液萃取地下水中上述半挥发性有机氯农药污染物，样品提取液经浓缩和富集后结合气相色谱-ECD检测器检测六六六、滴滴涕和六氯苯等11种有机氯农药。

根据色谱峰的保留时间定性，利用外标法定量。

(2) 标准物质色谱图

有机氯农药标准溶液色谱图见图5-6。

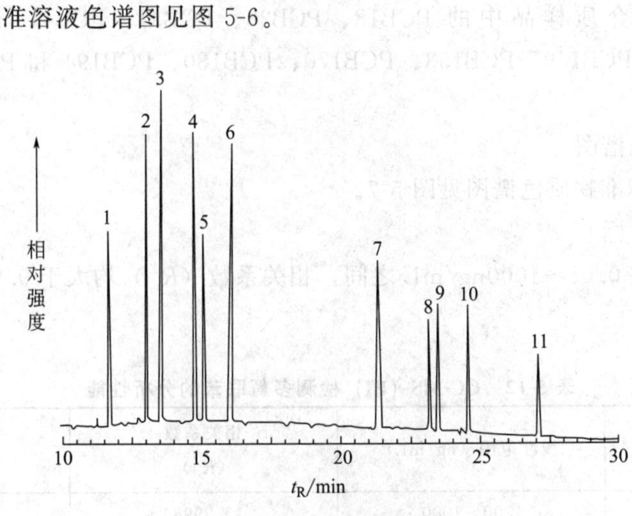

图5-6 有机氯农药标准溶液气相色谱图

1—2,4,5,6-四氯间二甲苯；2—六氯苯；3—α-六六六；4—γ-六六六；5—β-六六六；6—δ-六六六；7—*p*,*p*'-DDE；8—*o*,*p*'-DDT；9—*p*,*p*'-DDD；10—*p*,*p*'-DDT；11—二丁基氯菌酸酯

（3）方法性能指标

此方法性能指标考察了方法的精密度、检出限及加标回收率，具体列于表5-11中。

表5-11 有机氯农药方法精密度、检出限及加标回收率（部分）

组分	平均回收率/%	相对标准偏差 RSD($n=8$)/%	检出限 /(ng/L)
α-六六六	96.3	5.15	0.40
β-六六六	106	2.83	0.40
γ-六六六	93.8	6.07	0.40
δ-六六六	94.4	5.97	0.40
p,p'-DDE	92.4	3.82	0.60
p,p'-DDD	99.6	4.31	0.60
o,p'-DDT	101	2.52	0.60
p,p'-DDT	105	5.70	0.60
六氯苯	85.3	2.81	0.40

5.2.4 气相色谱法测定地下水中的多氯联苯

（1）方法提要

以气相色谱-质谱法测定地下水水体中14种多氯联苯（polychlorinated biphenyls，PCBs）为例，基本流程是利用吸附原理，采用GDX-502树脂固相萃取柱和C_{18}圆盘固相萃取装置萃取水中的多氯联苯，提取完成后，用淋洗液丙酮、正己烷顺序洗脱固相吸附相上的多氯联苯，淋洗液经净化、浓缩和定容后采用气相色谱-质谱（EI或NCI）进行检测。

通过目标组分的质谱图和保留时间与计算机谱库中的质谱图和保留时间作对照进行定性；每个定性出来的组分的浓度取决于其定量离子与内标物定量离子的质谱响应之比。每个样品中含已知浓度的内标化合物，用内标校正程序测量。

方法适用于水介质样品中的PCB18、PCB28、PCB31、PCB44、PCB52、PCB101、PCB118、PCB138、PCB149、PCB153、PCB170、PCB180、PCB194和PCB209等14种多氯联苯单体的测定。

（2）标准物质色谱图

14种PCBs的标准物质色谱图见图5-7。

（3）方法性能指标

方法线性范围在0.01～1000ng/mL之间，相关系数（R^2）均大于0.9970，具体列于表5-12与表5-13中。

表5-12 GC-MS（EI）检测多氯联苯的分析性能

多氯联苯	线性范围/(ng/mL)	相关系数 (R^2)	方法检出限 /(ng/L)
PCB18	1.00～1000	0.9998	1.00
PCB28	0.50～1000	0.9995	0.50
PCB31	0.50～1000	0.9997	0.50

续表

多氯联苯	线性范围/(ng/mL)	相关系数 (R^2)	方法检出限 /(ng/L)
PCB44	2.00～1000	0.9998	2.00
PCB52	2.00～1000	0.9998	2.00
PCB101	2.00～1000	0.9995	2.00
PCB118	2.00～1000	0.9996	2.00
PCB149	1.00～1000	0.9994	1.00
PCB153	1.00～1000	0.9996	1.00
PCB138	1.00～1000	0.9997	1.00
PCB180	5.00～1000	0.9995	5.00
PCB170	5.00～1000	0.9993	5.00
PCB194	10.00～1000	0.9993	10.0
PCB209	10.00～1000	0.9970	10.0

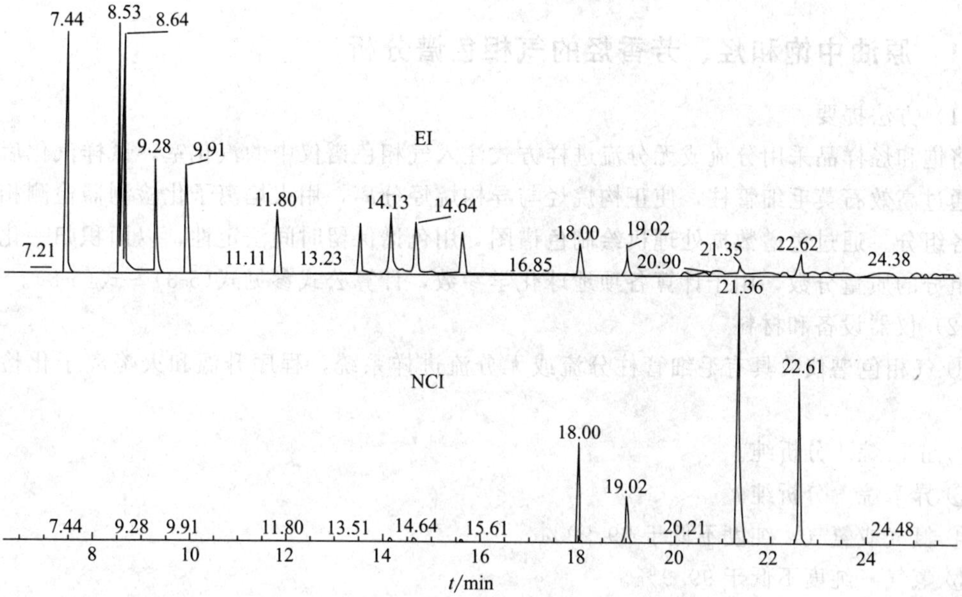

图 5-7 14种多氯联苯标准物质色谱图（100ng/mL）

表 5-13 结合 GC-MS（NCI）检测多氯联苯的分析性能

多氯联苯	线性范围/(ng/mL)	相关系数 (R^2)	检出限 /(ng/L)
PCB18	1.00～1000	0.9995	10.0
PCB28	15.0～1000	0.9998	10.0
PCB31	15.0～1000	0.9997	10.0
PCB44	1.00～1000	0.9992	1.00
PCB52	1.00～1000	0.9991	1.00

续表

多氯联苯	线性范围/(ng/mL)	相关系数 (R^2)	检出限 /(ng/L)
PCB101	2.00～1000	0.999	2.00
PCB118	0.50～1000	0.9992	0.50
PCB149	0.20～1000	0.9994	0.20
PCB153	0.20～1000	0.9992	0.20
PCB138	0.50～1000	0.9998	0.50
PCB180	0.20～1000	0.9994	0.02
PCB170	0.05～1000	0.9995	0.05
PCB194	0.20～1000	0.9997	0.02
PCB209	0.01～1000	0.9990	0.01

5.3 石油、天然气有机成分分析

5.3.1 原油中饱和烃、芳香烃的气相色谱分析

(1) 方法提要

将饱和烃样品采用分流或无分流进样方式注入气相色谱仪中的汽化室，试样汽化后随载气流通过高效石英毛细管柱，使正构烷烃与异构烷烃分离，用火焰离子化检测器检测相继流出的各组分。通过色谱数据处理机绘制色谱图，用色谱保留时间法定性，以面积归一化法计算各组分的质量分数，用于计算各项地球化学参数，计算公式参见式(5-3)～式(5-8)。

(2) 仪器设备和材料

① 气相色谱仪　具有毛细管柱分流或无分流进样系统，程序升温和火焰离子化检测器装置。

② 正己烷　分析纯。

③ 异辛烷　分析纯。

④ 氮气或氦气　纯度不低于99.99%。

⑤ 氢气　纯度不低于99.9%。

⑥ 净化压缩空气。

⑦ 色谱标样　含C_{13}～C_{40}范围内任意几个碳数的正构烷烃。

⑧ 色谱柱　SE-54弹性石英毛细管柱，25m×0.25mm×0.25μm，柱效不低于2000。

⑨ 微量注射器　1.0～50μL。

⑩ 具塞锥形试管　1～2mL。

(3) 仪器参数

① 气体参数　载气线速度为17～20cm/s；氢气流量为30mL/min；空气流量为300mL/min；尾吹气流量为30mL/min。

② 进样方式　分流进样，分流比100∶1，进样量0.2～1.0μL；不分流进样，先关分流阀，进样50s，后打开分流阀，分流比100∶1，进样量1.0～50μL。

③ 温度参数　汽化室330℃；FID检测器330℃；色谱柱起始温度80℃，以6℃/min升到320℃，保持至C_{40}峰出完。

（4）操作步骤

① 样品预处理　将原油经组分分离而得的饱和烃馏分，转移至具塞锥形试管中，放在冰箱内保存。分流进样方式，用少量正己烷溶解样品；无分流进样方式，用适量异辛烷溶解样品。

② 打开气相色谱仪气路和电路系统。

③ 根据各仪器的操作步骤启动仪器，输入分析参数，设置仪器分析操作条件。

④ 点燃火焰，检查程序升温过程中色谱基线的稳定性。

⑤ 视样品量多少，选择分流或无分流进样方式及合适的进样量。

⑥ 用微量注射器吸取试样注入气相色谱仪汽化室，同时启动程序升温，用色谱数据处理机记录谱图，并计算各组分峰面积及质量分数。

（5）定性

用正构烷烃色谱标样峰的保留时间对样品中的各正构烷烃进行定性。

（6）定量

用色谱数据处理机以峰面积归一化法计算正构烷的质量分数。计算公式如下：

$$w(i)=\frac{A_i \times f_i}{\sum(A_i \times f_i)} \times 100 \tag{5-1}$$

式中　$w(i)$——正构烷烃某组分的质量分数，%；

A_i——正构烷烃某组分的峰面积值；

f_i——正构烷烃某组分的相对质量校正因子。

由于火焰离子化检测器对所测正构烷烃各组分的相对质量校正因子都接近于1，故式（5-1）可简化为式（5-2）：

$$w(i)=\frac{A_i}{\sum A_i} \times 100 \tag{5-2}$$

5.3.2　原油中芳香烃的气相色谱分析

（1）方法提要

将浓缩的芳烃样品采用分流进样方式，注入气相色谱仪中的汽化室汽化，样品随载气进入毛细管柱分离，经火焰离子化检测器检测，用记录仪或数据处理系统绘出色谱图，以峰高法测量谱图中2-甲基萘等17种芳烃的峰高值，用以计算6项地球化学参数。

（2）仪器及设备

① 气相色谱仪　具有毛细管柱分流进样汽化室、程序升温及火焰离子化检测器装置。检测器灵敏度大于10^{-10}g。

② 记录仪或数据处理系统。

③ 冰箱。

（3）试剂及材料

① 正己烷或二氯甲烷　分析纯。

② 萘　色谱纯。

③ 菲　色谱纯。

④ 蒽　色谱纯。

⑤ 氮气　纯度 99.99%。

⑥ 氢气　纯度 99.9%。

⑦ 净化空气。

⑧ 色谱柱　弹性石英毛细管柱、固定相为甲基硅酮或甲基苯基硅酮，如 OV-1 型或 SE-54 型，长度 25～30m，内径 0.22～0.32mm，理论塔板数大于 4000。

⑨ 微量注射器　1～10μL。

⑩ 带盖样品小瓶。

（4）仪器参数

① 气体参数　载气（N_2）线速度为 10～20cm/s；氢气流量为 30mL/min；空气流量为 350mL/min；尾吹气流量为 30mL/min。

② 进样方式　分流进样，分流比（30∶1）～(90∶1)，进样量 0.2～5.0μL。

③ 温度参数　汽化室 280～300℃；FID 检测器 300～310℃；色谱柱起始温度 100～120℃，保持 1～2min，以 2～4℃/min 升到 310℃，保持至基线平稳。

（5）操作步骤

① 样品预处理　岩石氯仿抽提物和原油烃族组分分离而得到的芳烃馏分，浓缩后置于带盖样品小瓶中，在冰箱内存放，存放时间不超过 5 天。待分析芳烃样品量不应小于 1mg。

② 点燃火焰，调节气相色谱仪和记录仪或数据处理系统的适用范围。

③ 检查程序升温色谱基线稳定性，程序升温全过程基线漂移不超过记录仪满量程的 5%。

④ 用微量注射器注入试样 0.2～5μL，启动程序升温，同时采集数据并记录色谱图。

（6）定性

采用芳烃标样或保留指数对芳烃中 2-甲基萘等 17 种芳烃进行定性，色谱图如图 5-8 和图 5-9 所示，芳烃各名称及峰高值代号列于表 5-14 中。

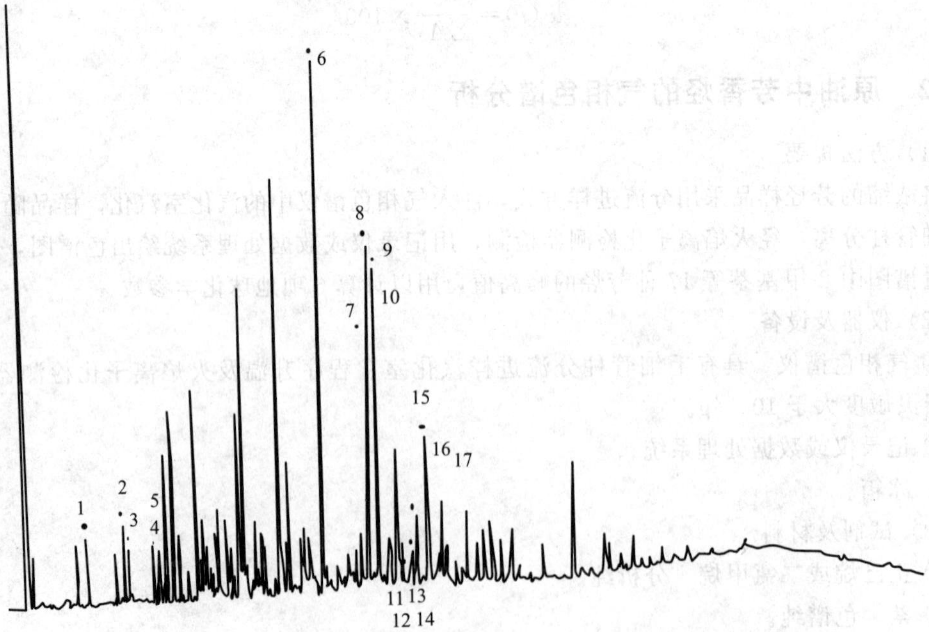

图 5-8　SE-54 型毛细管柱分离原油芳烃的气相色谱图

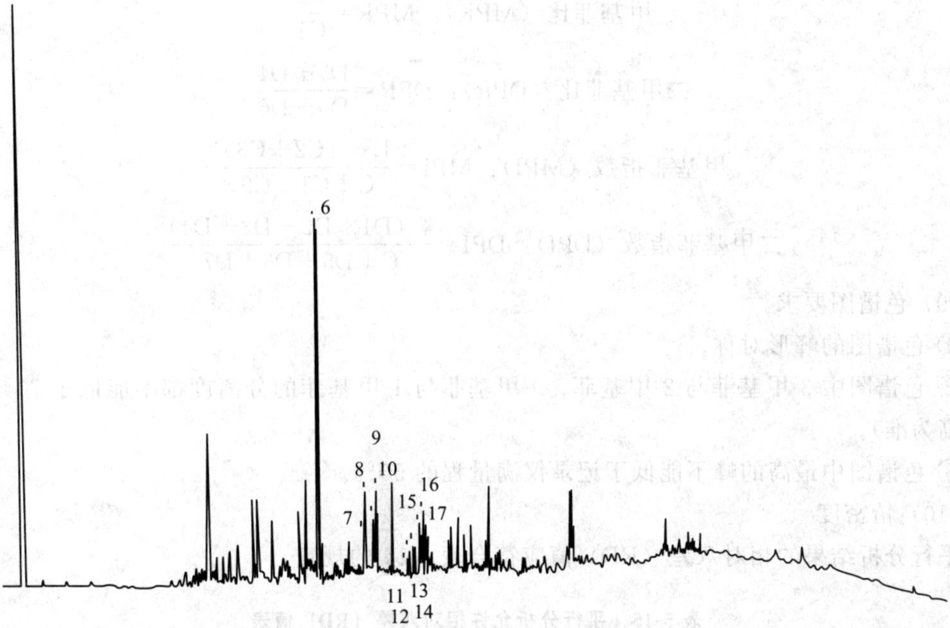

图 5-9 SE-54 型毛细管柱分离岩石氯仿抽提物芳烃的气相色谱图

表 5-14 17 种芳烃名称及峰高值代号

峰号	名称	峰高值代号	峰号	名称	峰高值代号
1	萘	A	10	1-甲基菲	C1
2	2-甲基萘	A2	11	二甲基菲	D1
3	1-甲基萘	A1	12	二甲基菲	D2
4	2-乙基萘	B2	13	二甲基菲	D3
5	1-乙基萘	B1	14	二甲基菲	D4
6	菲	C	15	二甲基菲	D5
7	3-甲基菲	C3	16	二甲基菲	D6
8	2-甲基菲	C2	17	二甲基菲	D7
9	9-甲基菲	C9			

（7）定量

根据色谱图或数据处理系统得到表 5-14 所列各芳烃的峰高值，按照式(5-3)～式(5-8)计算 6 项地球化学参数。

（8）要求

① 岩石氯仿抽提物芳烃计算甲基菲参数。

② 原油芳烃计算甲基萘及甲基菲参数。

③ 计算

$$\text{甲基萘比（MNR）：} MNR=\frac{A2}{A1} \tag{5-3}$$

$$\text{乙基萘比（ENR）：} ENR=\frac{B2}{B1} \tag{5-4}$$

$$甲基菲比（MPR）：MPR=\frac{C2}{C1} \tag{5-5}$$

$$二甲基菲比（DPR）：DPR=\frac{D3+D4}{D5+D6} \tag{5-6}$$

$$甲基菲指数（MPI）：MPI=\frac{1.5（C2+C3）}{C+C1+C9} \tag{5-7}$$

$$二甲基菲指数（DPI）：DPI=\frac{4（D1+D2+D3+D4）}{C+D5+D6+D7} \tag{5-8}$$

(9) 色谱图要求

① 色谱图的峰形对称。

② 色谱图中3-甲基菲与2-甲基菲、9-甲基菲与1-甲基菲的分离度都不能低于70%（以低峰高为准）。

③ 色谱图中最高的峰不能低于记录仪满量程的50%。

(10) 精密度

平行分析结果的相对双差（RD）值应符合表5-15的规定。

表5-15 平行分析允许相对双差（RD）值表

地球化学参数值	RD/%
<0.30	<18
0.30～0.90	<16
>0.90～1.50	<14
>1.50～2.10	<12
>2.10	<10

5.3.3 轻质烃类的气相色谱分析

烃源岩中的烃由 C_1～C_5 气态烃、C_6～C_{15} 轻烃和 C_{15}^+ 以上重烃组成。轻烃是指烃源岩或石油天然气中碳数小于15的烃类化合物。

(1) 方法提要

稳定轻质样品经毛细管柱分离，用火焰离子化检测器（FID）检测，用色谱工作站或积分仪记录谱图和峰面积，按面积归一化法计算组分的质量分数。

(2) 试剂和材料

① 氮气　纯度不低于99.99%。

② 氢气　纯度不低于99.99%。

③ 空气　经干燥净化。

④ 单一组分标样和混合标样。

⑤ 微量进样器　1～5μL。

⑥ 小样品瓶　具有密封垫的5～10mL玻璃瓶。

⑦ 取样器　250～1000mL。

⑧ 不锈钢瓶或带有耐油胶垫的油汀，油汀的承受压力不低于0.2MPa。取样器示意图如图5-10所示。

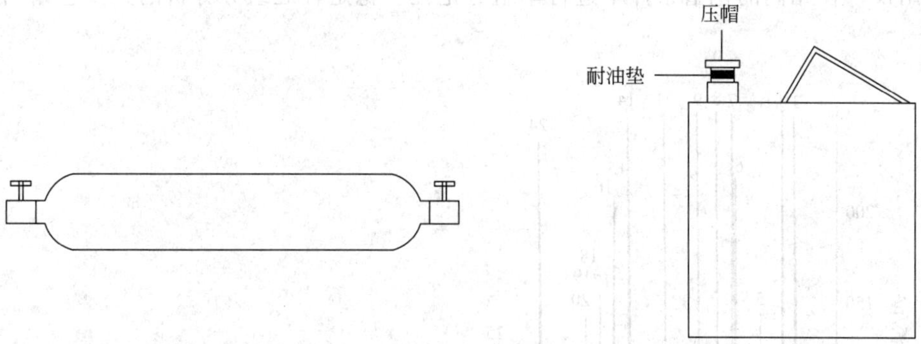

(a) 钢瓶　　(b) 油汀

图 5-10　取样器示意图

(3) 仪器与设备

① 气相色谱仪　具有毛细管柱分流进样器、程序升温和火焰离子化检测器装置。FID 检出限不大于 5×10^{-10} g/s；噪声不大于 1×10^{-12} A；漂移小于 1×10^{-11} A/(30min)。

② 色谱柱　内径 0.2～0.3mm、长度不小于 50m 的聚甲基硅氧烷石英毛细管柱。

③ 色谱工作站或积分仪。

④ 自动进样器。

(4) 仪器参数

① 气体参数　载气（N_2）线速度为 15～30cm/s；氢气流量为 30mL/min；空气流量为 300mL/min；尾吹气流量为 30mL/min。

② 进样方式　分流进样，分流比 1∶100，进样量 0.1～1.0μL。

③ 温度参数　汽化室 300℃；FID 检测器 300℃。色谱柱：方法一用于碳数分布分析，方法二用于单体烃分析。方法一：起始温度 40℃，保持 5min；以 5℃/min 升到 250℃，保持 10min。方法二：起始温度 35℃，保持 5min；以 1℃/min 升到 200℃，保持 5min。

(5) 操作步骤

① 样品预处理　稳定轻烃样品应使用钢瓶密闭取样：将装有样品的取样器以及一个干净的小样品瓶放入冰箱冷藏室（0～5℃），恒温 2h 以上，用力振荡取样器，再放入冷藏室中静置 5min 后取出，用样品清洗小样品瓶 3 次，然后迅速转移样品（30s 内完成），样品装入量为小样品瓶体积的 80%左右，立即封闭小样品瓶待测。

② 进样

a. 手动进样　当色谱仪的各项参数达到所设定的值并稳定后，用在低温下与样品一起保存的微量进样器从小样品瓶中抽取 0.1～1μL 样品，迅速注入汽化室，进样器在汽化室中停留 5s 后迅速抽出。进样的同时按动积分仪或色谱工作站的启动键，记录色谱图并对峰面积进行积分。

b. 自动进样　自动进样器的操作和控制均由色谱工作站完成，设定进样瓶位置、洗针次数及进样量，由色谱工作站记录色谱图并对峰面积进行积分。

③ 定性　利用相对保留时间定性。首先用混合标准样品和纯物质对样品的正构烷烃和重要的芳烃、环烷烃以及所关心的各组分定性，其他小峰和不能定性的峰在没有必要时可不一一单独定性，将正 C_m～C_{m+1} 之间的所有未定性峰作为异构 C_{m+1} 烃。必要时，用色谱-

质谱联用仪，在相同的色谱条件下进行单组分定性。稳定轻烃组分分析的典型色谱图如图 5-11 所示。

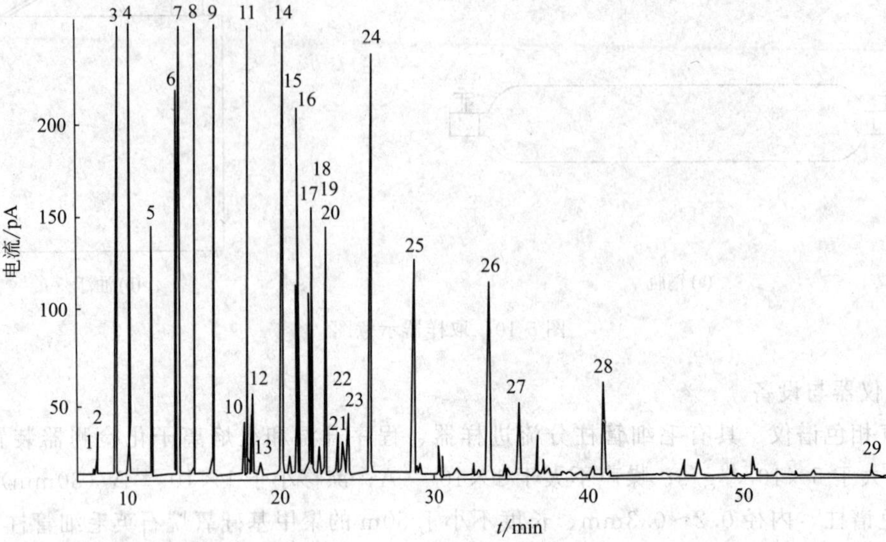

图 5-11 典型的稳定轻烃组分分析气相色谱图

注：色谱柱为 HP-PONA（50m×0.2mm×0.5μm）。

1—异丁烷；2—正丁烷；3—异戊烷；4—正戊烷；5—2,2-二甲基丁烷；6—2,3-二甲基丁烷；7—2-甲基戊烷；8—3-甲基戊烷；9—正己烷；10—2,2-二甲基戊烷；11—甲基环戊烷；12—2,4-二甲基戊烷；13—2,2,3-三甲基戊烷；14—苯；15—3,3-二甲基环戊烷；16—环己烷；17—2-甲基己烷；18—2,3-二甲基戊烷；19—2-甲基己烷；20—3-甲基己烷；21—1,3-二甲基环戊烷；22—反-1,3-二甲基环戊烷；23—反-1,2-二甲基环戊烷；24—正庚烷；25—甲基环己烷；26—甲苯；27—2-甲基庚烷；28—正辛烷；29—正壬烷

④ 定量　用面积归一化法定量。各组分的相对质量校正因子用混合标准样品测定；在没有混合标准样品的情况下，也可以采用表 5-16 所给的文献值。i 组分的质量分数按式(5-9）计算：

$$w_i=\frac{A_iF_i}{\sum(A_iF_i)}\times 100 \tag{5-9}$$

式中　w_i——i 组分的质量分数,%；

A_i——i 组分在 FID 上检出的峰面积；

F_i——i 组分在 FID 上的相对质量校正因子。

表 5-16　部分组分在 FID 上的相对质量校正因子

组分	因子 F	组分	因子 F
乙烷	1.03	苯	0.89
异丁烷	0.91	2-甲基己烷	0.98
异戊烷	0.95	甲苯	0.94
2,2-二甲基丁烷	0.96	乙苯	0.97
2-甲基戊烷	0.95	对二甲苯	1.00
正己烷	0.97	正壬烷	1.02

续表

组分	因子 F	组分	因子 F
丙烷	1.02	环己烷	0.99
正丁烷	0.91	3-甲基己烷	0.98
正戊烷	0.96	甲基环己烷	0.99
2,3-二甲基丁烷	0.97	正辛烷	1.03
3-甲基戊烷	0.96	间二甲苯	0.96
甲基环戊烷	0.99	邻二甲苯	0.98

注：正壬烷以前的异构烷烃的相对质量校正因子可以采用其正构烷烃的相对质量校正因子，正壬烷以后组分的相对质量校正因子都采用1.02。

⑤ 精密度

a. 重复性 同一操作者重复测定同一样品，两个结果之差不应大于表5-17中所给的数值。

b. 再现性 不同操作者在不同实验室测定同一样品，测定的结果之差不应大于表5-17中所给的数值。

表5-17 精密度

w_i/%	重复性/%	再现性/%
>10	1	2
1～10	0.5	1
0.1～1	0.3	0.5
0.01～0.1	0.05	0.05

⑥ 结果 取两次或几次重复测定的结果的算术平均值作为分析结果。

5.3.4 天然气组分的气相色谱分析

天然气是由多种组分构成的混合物。天然气的组成是指天然气中所含的组分及其含量。在检测时，通常所指的组成是指天然气中甲烷、乙烷等烃类组分和氮气、二氧化碳等常见的非烃组分的含量。尽管一些杂质如硫化物、水等也是天然气组成的一部分，但如不特别说明，在组成分析时并不检测这些组分。目前测定天然气组成最常用的方法是气相色谱法。气相色谱法分析天然气组成最常见的就是分析其中的氮气、二氧化碳、甲烷至戊烷，有时还分析 C_6^+、氦气、氢气等组分的含量。通常将这种分析称为常规分析，也称为简单分析。

本节归一化气相色谱法测定油田气中 C_1～C_{12}、N_2、CO_2 等组分，该方法适用于油田气及类似气体混合物的组分分析。

(1) 方法提要

气体样品不需富集，直接注入气相色谱仪，经两根或多根填充柱和一根毛细管柱分离，用热导池检测器（TCD）和氢火焰离子化检测器（FID）检测，用自动积分仪记录谱图。用归一化法定量计算。

(2) 试剂和材料

① 氢气或氦气 纯度不低于99.99%。

② 氮气 纯度不低于99.99%。

③ 压缩空气 经干燥和脱油。

④ 制备色谱柱使用的试剂和材料

a. 乙烯基甲基硅烷固定相，10% UCW-982 涂于 chrom P，粒度 0.175～0.147mm（80～100 目）。

b. 甲基聚硅氧烷固定相，30%DC-200 涂于 chrom P，粒度 0.175～0.147mm（80～100 目）。

c. 聚苯乙烯（Porapak-Q）色谱固定相，粒度 0.175～0.147mm（80～100 目）。

d. 分子筛，5A 或 13X，粒度 0.246～0.175mm（60～80 目）。

（3）仪器与设备

① 气相色谱仪 柱温箱内应能至少同时安装两根填充柱和一根毛细管柱。能程序升温，最高使用温度不低于350℃，控温精度为±0.2℃。热导池检测器灵敏度高于1000mV·mL/mg（苯）。氢火焰离子化检测器检出限小于 5×10^{-10}g/s。检测器温度在分析全过程中应保持恒定，控温精度为±0.1℃。分析全过程中，载气流量应保持恒定，其变化在1%以内。

② 色谱柱 填充柱的材料必须对样品中的组分呈惰性和无吸附性。应优先选用不锈钢管，柱内填充物应能对被检测的组分达到满意的分离效果。吸附柱必须能完全分离 O_2、N_2 和 C_1；两相邻峰的峰谷必须回到基线上。分配柱必须能分离（$O_2+N_2+C_1$）、CO_2、C_2～n-C_5 之间各组分。毛细管柱用于分离 C_3～C_{12} 之间的各组分，包括异构体。

③ 记录系统 具有信号切换功能或双通道的色谱数据处理机，要求能记录色谱图和响应值。输入电压－5mV～1V；重复性±0.1%。

④ 油田气中 $N_2(O_2)$、CO_2、C_1～C_6^+ 常量组分分析条件

a. HP5890A 气相色谱仪（带热导池检测器）。

b. 气体参数 载气流量为30mL/min；纸速为0.5cm/min。

c. 进样量 1mL。

d. 温度参数 进样器100℃；TCD 检测器110℃；柱箱90℃恒温。

⑤ 油田气 C_3～C_{12} 组分分析条件

a. HP5880A 气相色谱仪（带氢火焰离子化检测器）。

b. OV-101 或 SE-30 弹性石英毛细管柱，柱长 25～50m。

c. 气体参数 载气流量为1～2mL/min；氢气流量为40mL/min；空气流量为400mL/min；尾吹气流量为30mL/min；纸速为1cm/min。

d. 进样方式 分流进样，分流比（50∶1）～(100∶1)，进样量1mL。

e. 温度参数 进样器250℃；FID检测器300℃；色谱柱起始温度40℃；以5℃/min 升到240℃。

（4）定性和碳数划分

C_1～C_5、O_2、N_2、CO_2 按保留时间逐个定性。n-C_5 以上重组分没有特殊要求时以正构烷烃为界按碳数划分，两个正构烷烃之间的组分全部归到碳数较高的组分中。如 n-C_5 和 n-C_6 之间的组分全部归入 C_6，图 5-12 和图 5-13 给出了各组分标准物质色谱图。

（5）定量计算

选 TCD 和 FID 都能检出的组分为关联组分，可选其中的一个组分求 K 值，或选几个组分求 K 值，然后计算其平均值，现以 i-C_5 和 i-C_6 为例求 K 值（也可用 C_4）。为便于公式表达，将油气组分按表 5-18 顺序编号。

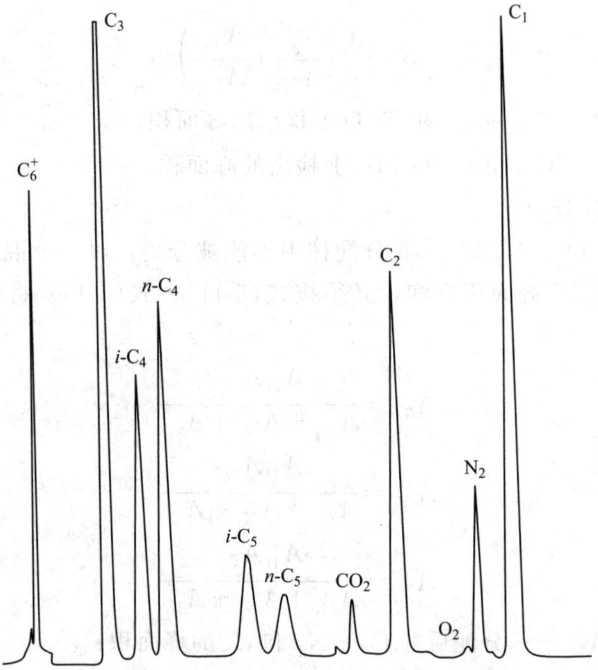

图 5-12 HP5890A TCD 检测标准烃组分色谱图

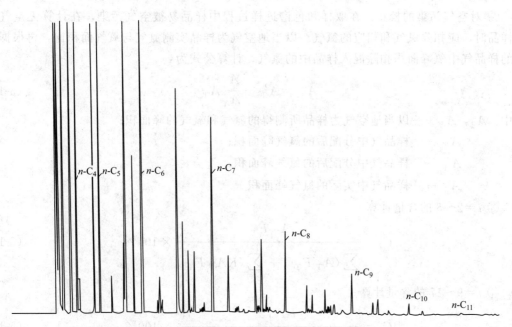

图 5-13 HP5880A FID 检测标准烃组分色谱图

表 5-18 油气组分编号表

编号	1	2	3	4	5	6	7	8	9	10	11	…	16	17
组分	O_2	N_2	CO_2	C_1	C_2	C_3	i-C_4	n-C_4	i-C_5	n-C_5	C_6	…	C_{11}	C_{12}

求关联系数 K

$$K=\frac{1}{2}\left(\frac{A_{T_9}}{A_{F_9}}+\frac{A_{T_{10}}}{A_{F_{10}}}\right) \tag{5-10}$$

式中 A_{T_9}，$A_{T_{10}}$——i-C_5、n-C_5 在 TCD 上检出的峰面积；

A_{F_9}，$A_{F_{10}}$——i-C_5、n-C_5 在 FID 上检出的峰面积。

(6) i 组分含量计算

① 混合峰处理　O_2、N_2 和 C_1 在分配柱中不能被分离，以一个混合峰检出，混合峰面积往往不等于吸附柱三个峰面积之和，必须按式(5-11)～式(5-13) 将混合峰分配成各组分的面积。

$$A_{T_1}=\frac{A_H A_{O_2}}{A_{O_2}+A_{N_2}+A_{C_1}} \tag{5-11}$$

$$A'_{T_2}=\frac{A_H A_{N_2}}{A_{O_2}+A_{N_2}+A_{C_1}} \tag{5-12}$$

$$A_{T_4}=\frac{A_H A_{C_1}}{A_{O_2}+A_{N_2}+A_{C_1}} \tag{5-13}$$

式中 A_{T_1}，A'_{T_2}，A_{T_4}——分配后的 O_2、N_2 和 C_1 的峰面积；

A_H——分配柱 TCD 检出的混合峰面积；

A_{O_2}，A_{N_2}，A_{C_1}——吸附柱 TCD 检出的 O_2、N_2 和 C_1 峰面积。

② 对空气污染的校正　在取样和色谱进样过程中样品易被空气污染，在计算无空气基体样品时，应扣除氧气和相应的氮气。以当地空气为样品实测氮气与氧气面积比，再根据测得的样品气中氧峰面积扣除混入样品中的氮气，计算公式为：

$$A_{T_2}=A'_{T_2}-\frac{A_d}{A_Y}A_{T_1} \tag{5-14}$$

式中 A_d，A_Y——以当地空气为样品所测得的氮气和氧气的峰面积；

A_{T_1}——样品气中分配后的氧气峰面积；

A'_{T_2}——样品气中分配后的氮气峰面积；

A_{T_2}——样品气中实际的氮气峰面积。

③ $i=2\sim8$ 的含量计算

$$C_i=\frac{A_{T_i}F_{T_i}}{\sum_{i=2}^{8}(A_{T_i}F_{T_i})+\sum_{i=9}^{17}(KA_{T_i}F_{T_i})}\times100\% \tag{5-15}$$

④ $i=9\sim17$ 的含量计算

$$C_i=\frac{KA_{T_i}F_{T_i}}{\sum_{i=2}^{8}(A_{T_i}F_{T_i})+\sum_{i=9}^{17}(KA_{T_i}F_{T_i})}\times100\% \tag{5-16}$$

式中 C_i——i 组分的摩尔浓度；

A_{T_i}——i 组分在 TCD 上检出的峰面积；

F_{T_i}——i 组分在热导池上的摩尔校正因子；

K——关联系数。

(7) 精密度

用下述准则，判断结果是否可信（95%置信水平）。

① 重复性　同一操作者重复测定两个结果之差不应大于表 5-19 中的数值。

② 再现性　不同实验室各自测出的两个结果之差不应大于表 5-19 中的数值。

表 5-19　精密度要求

组分含量/%	重复性/%	再现性/%
>30	2	3
30～10	1	2
<10～1	0.5	1
<1～0.05	0.05	0.1
<0.05	<0.05	<0.08

(8) 结果

取重复测定两个结果的算术平均值作为分析结果。

5.4　大气中有机污染物的分析

5.4.1　气相色谱-质谱法测定空气中的痕量酚类化合物

(1) 方法提要

用 Tenax 采样管吸附环境空气中的痕量酚类化合物，用甲醇淋洗解吸酚类化合物，洗脱液加入萘-d8 作为内标，利用气相色谱-选择离子监测质谱（GC-MS-SIM）进行检测，内标法定量，图 5-14 为酚类化合物标准物质质谱图。该方法定性、定量准确，线性响应良好，

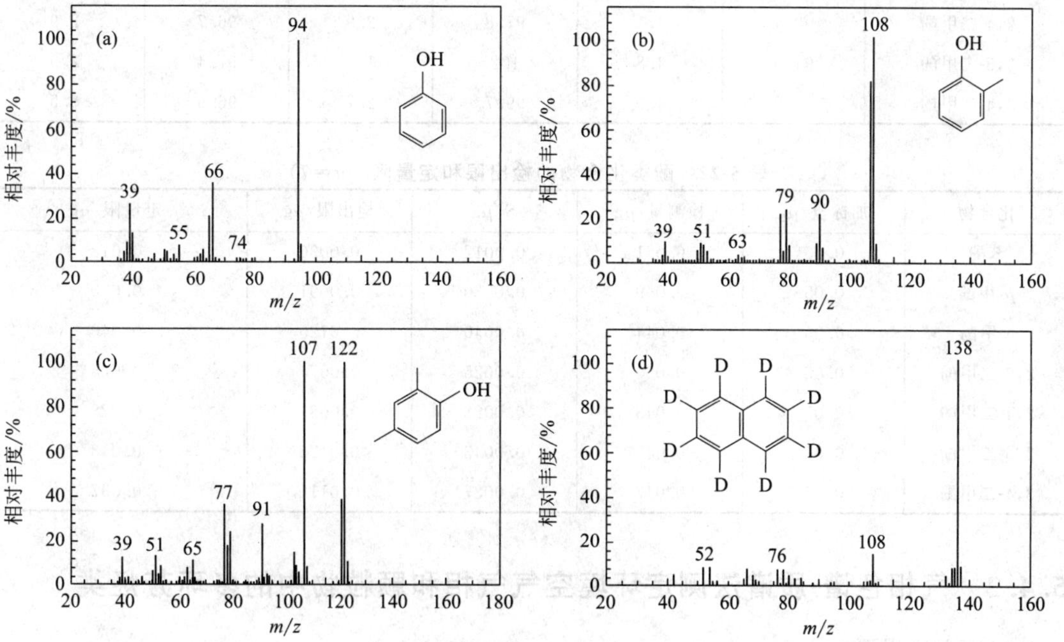

图 5-14　酚类化合物质谱图

(a) 苯酚；(b) 甲酚；(c) 二甲酚；(d) 萘-d8

回归曲线的线性相关系数均大于 0.999，平均回收率为 92.4%～102%，测定干扰小，检测灵敏度高，按采样 10L 计算，空气中最低检测浓度可达 0.001mg/m^3。用于实际样品测定，完全能满足环境空气中痕量酚类化合物监测的要求。

(2) 方法性能指标

表 5-20～表 5-22 给出了方法的性能指标。

表 5-20　酚类化合物的线性关系

化合物	回归方程	R^2
苯酚	$y=0.0515x-0.0011$	0.9999
p-甲酚	$y=0.0451x-0.0056$	0.9997
o-甲酚	$y=0.0473x-0.0107$	0.9993
2,6-二甲酚	$y=0.0519x-0.0035$	0.9999
2,4-二甲酚	$y=0.0461x-0.0087$	0.9991
3,5-二甲酚	$y=0.0517x-0.0125$	0.9991
3,4-二甲酚	$y=0.0453x-0.0169$	0.9990

注：y 表示定量离子与内标的峰面积比；x 表示化合物的质量浓度，mg/L。

表 5-21　酚类化合物的加标回收率及精密度（$n=5$）

化合物	加标量/μg					
	0.25		1.00		5.00	
	回收率/%	RSD/%	回收率/%	RSD/%	回收率/%	RSD/%
苯酚	102	3.6	101	2.7	99.5	2.2
p-甲酚	95.2	4.1	99.0	2.9	99.0	2.3
o-甲酚	94.2	3.9	99.1	3.6	98.8	2.7
2,6-二甲酚	94.2	3.6	96.9	1.7	97.7	2.1
2,4-二甲酚	92.4	4.1	97.8	2.9	96.7	2.9
3,5-二甲酚	94.5	4.8	102	1.7	97.4	2.9
3,4-二甲酚	93.2	4.0	99.7	2.7	96.9	3.5

表 5-22　酚类化合物的检出限和定量限（$n=7$）

化合物	加标量/μg	检测量/μg	S/μg	检出限/μg	定量限/μg
苯酚	0.05	0.051	0.0012	0.0036	0.012
p-甲酚	0.05	0.049	0.0030	0.0091	0.030
o-甲酚	0.05	0.044	0.0040	0.0120	0.040
2,6-二甲酚	0.05	0.050	0.0025	0.0074	0.025
2,4-二甲酚	0.05	0.048	0.0028	0.0084	0.028
3,5-二甲酚	0.05	0.045	0.0043	0.0128	0.043
3,4-二甲酚	0.05	0.047	0.0037	0.0111	0.037

5.4.2　气相色谱-质谱法测定环境空气气相和颗粒物中的多环芳烃类

(1) 方法提要

《环境空气和废气　气相和颗粒物中多环芳烃的测定　气相色谱-质谱法》(HJ 646—

2013）适用于环境空气、室内空气、固定污染源排气和无组织排放废气中气相和颗粒物中十六种多环芳烃（polycyclic aromatic hydrocarbons，PAHs）的测定。采集环境空气中的颗粒物，用于分别测定 TSP、PM_{10}、$PM_{2.5}$ 不同颗粒物中的多环芳烃。

（2）方法性能指标

方法的性能指标列于表 5-23 中。

表 5-23 方法检出限、测定下限及加标回收率

序号	化合物名称	检出限			测定下限			回收率控制范围(实际样品加标 2μg)/%
		颗粒物/(μg/mL)	环境空气/(ng/m³)	废气/(μg/m³)	颗粒物/(μg/mL)	环境空气/(ng/m³)	废气/(μg/m³)	
1	萘	0.12	1.1	0.12	0.48	4.4	0.48	71.5±23.2
2	苊	0.09	0.8	0.09	0.36	3.3	0.36	81.1±20.4
3	二氢苊	0.09	0.8	0.09	0.36	3.3	0.36	77.4±14.6
4	芴	0.08	0.7	0.08	0.32	3.0	0.32	89.0±12.6
5	菲	0.06	0.6	0.06	0.24	2.2	0.24	82.7±18.0
6	蒽	0.05	0.5	0.05	0.20	1.9	0.20	84.2±13.8
7	荧蒽	0.05	0.5	0.05	0.20	1.9	0.20	97.7±15.8
8	芘	0.05	0.5	0.05	0.20	1.9	0.20	96.7±9.4
9	苯并(*a*)蒽	0.10	0.9	0.10	0.40	3.7	0.40	102±23
10	屈	0.07	0.6	0.07	0.28	2.6	0.28	96.4±13.8
11	苯并[*b*]荧蒽	0.12	1.1	0.12	0.48	4.4	0.48	111±19
12	苯并[*k*]荧蒽	0.09	0.8	0.09	0.36	3.3	0.36	100±19
13	苯并[*a*]芘	0.14	1.3	0.14	0.56	5.2	0.56	109±17
14	茚并[1,2,3-*c*,*d*]芘	0.14	1.3	0.14	0.56	5.2	0.56	106±13
15	二苯并[*a*,*h*]蒽	0.09	0.8	0.09	0.36	3.3	0.36	106±14
16	苯并[*g*,*h*,*i*]苝	0.08	0.7	0.08	0.32	3.0	0.32	99.7±11.6

5.5 有机生物标志物分析

生物标志化合物（也叫分子化石、化学化石）具有化合物稳定、保存时限长、分布广泛的特点，有较好的指示气候和环境的作用。它可以提供的信息有：样品有机质的氧化还原程度、有机物母质来源、不同生态系统植被的信息、不同气候条件的指示意义、古环境水质的咸淡程度、有机质的热演化程度、不同生物类型的区分、古环境中细菌和微生物的发育状况等。

5.5.1 储层沥青与有机包裹体生物标志物分析方法

储层沥青和包裹体生物标志物都包含了许多油气成藏时的信息，研究其生物标志物对研究油气成藏有重要作用。但由于提取这些生物标志物缺乏行之有效的方法，因此这方面的研究一直比较薄弱，本节简单介绍其中的一个实例。

（1）方法提要

选取塔里木盆地轮西稠油区碳酸盐岩储集层样品进行研究，用特殊的分析方法分离出储层沥青和包裹体生物标志物，并与原油生物标志物进行对比，建立了一种行之有效的储层沥青和包裹体生物标志物的分析方法，为油气成藏研究提供新的信息。

（2）试剂和材料

① 氯仿　色谱纯。

② 二氯甲烷　色谱纯。

③ 甲醇　色谱纯。

④ 盐酸　分析纯。

（3）样品

样品采自塔里木盆地轮西地区钻孔岩心，为奥陶系碳酸盐岩储集层，属碳酸盐台地相沉积。该区原油经历了严重的生物降解，以稠油为主，少数地区是正常原油。选取的岩心肉眼观察含有黑色固体沥青，还有新鲜的油斑。为了便于对比研究，在该区选取了具有代表性的原油同时进行生物标志物分析。

① 储层沥青处理方法　先把样品粉碎到 100 目，用氯仿浸泡三到五次，浸泡时间累计达 72h，除去残留在样品中的原油，即岩心中所见的油斑，获得冷浸油；然后用二氯甲烷和甲醇以 2∶1 的体积比配制成极性相对较强的溶剂对样品进行 72h 抽提，得到储层沥青的可溶部分，然后进行族组分分离，并进行常规的生物标志物分析。

② 上述方法用极性溶剂对样品进行 72h 抽提后，再用盐酸对残样进行处理，打开里面的包裹体，然后用氯仿抽提，得出包裹体中的氯仿可溶成分，再利用常规的有机地球化学分离、分析方法研究储层包裹体生物标志物。

（4）定性分析

将提取液经色谱仪分析检测后进行定性分析，图 5-15 是得到的塔里木盆地轮西地区原油、冷浸油和包裹体饱和烃色谱图，图 5-16 是塔里木盆地轮西地区原油、冷浸油饱和烃甾、萜烷质量色谱图，图 5-17 是塔里木盆地轮西地区储层沥青和包裹体饱和烃甾、萜烷质量色谱图。

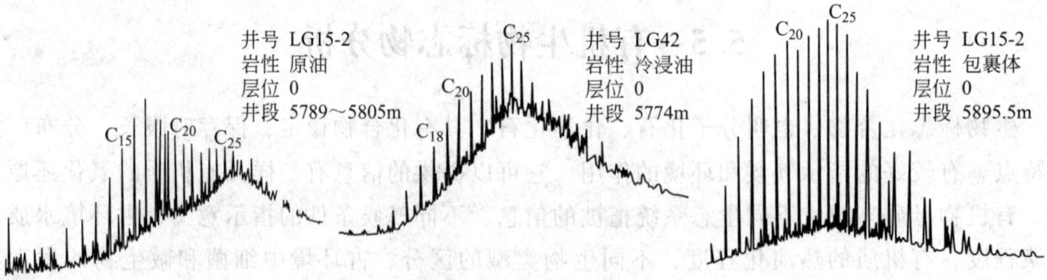

图 5-15　塔里木盆地轮西地区原油、冷浸油和包裹体饱和烃色谱图

5.5.2　岩石可溶有机物和原油中生物标志物的气相色谱-质谱分析

生物标志物是指地质体中的化学性质相对稳定、碳骨架结构具有明显生物起源特征的有机化合物。

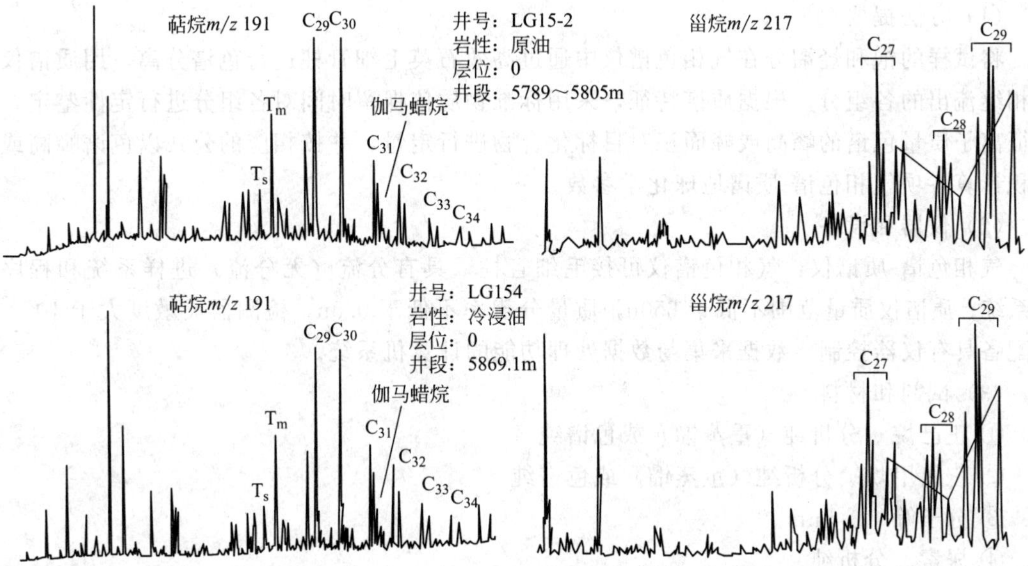

图 5-16 塔里木盆地轮西地区原油、冷浸油饱和烃甾、萜烷质量色谱图

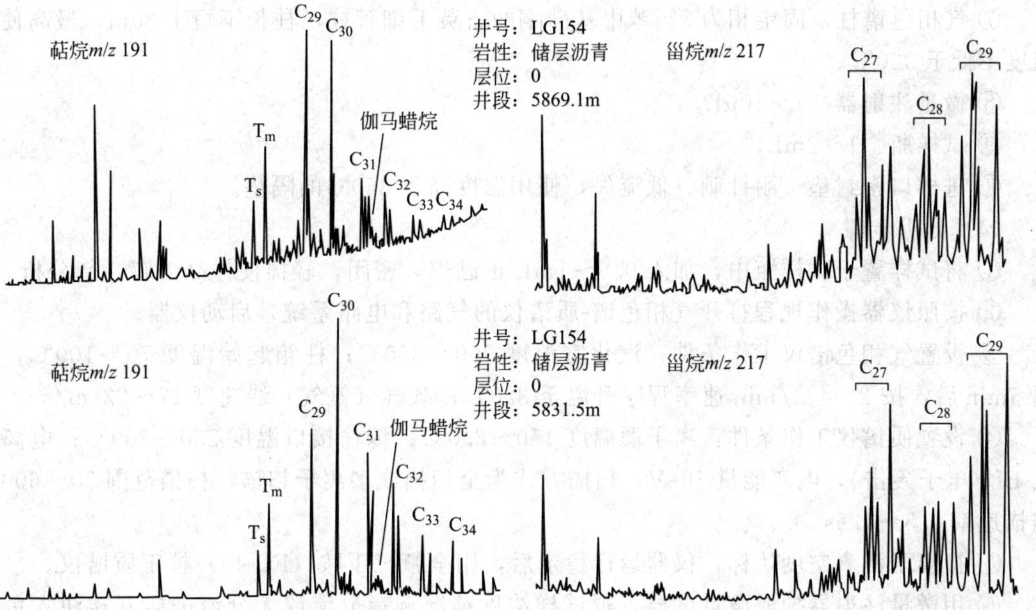

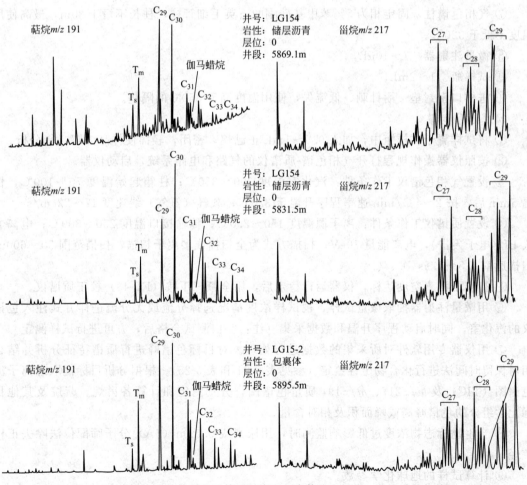

图 5-17 塔里木盆地轮西地区储层沥青和包裹体饱和烃甾、萜烷质量色谱图

（1）方法提要

将试样的饱和烃馏分在气相色谱仪中通过高效石英毛细管柱进行色谱分离，用质谱仪检测相继流出的各组分。根据质谱特征，采用标准物质依保留时间对各组分进行定性鉴定，用特征离子质量色谱的峰高或峰面积对目标化合物进行定量，并按相应的公式以色谱峰高或峰面积计算各项气相色谱-质谱地球化学参数。

（2）仪器和设备

气相色谱-质谱仪：气相色谱仪可接毛细管柱，具有分流（无分流）进样系统和程序升温系统；质谱仪质量范围不低于 650u，质量分辨率不低于 0.5u，检测器灵敏度大于 10^{-10}g，并配备具有仪器控制、数据采集与数据处理功能的计算机系统。

（3）试剂和材料

① 正己烷　分析纯（重蒸馏）或色谱纯。

② 三氯甲烷　分析纯（重蒸馏）或色谱纯。

③ 分子筛　0.5nm。

④ 尿素　分析纯。

⑤ 氦气　纯度不低于 99.99%。

⑥ 仪器校正试样　全氟三丁胺（FC-43），一般仪器上已配备。

⑦ 气相色谱柱　固定相为 5% 苯甲基硅酮的石英毛细管柱，柱长不短于 30m，最高使用温度不低于 320℃。

⑧ 微量注射器　1～10μL。

⑨ 试样瓶　1～2mL。

⑩ 进样口密封垫　耐针刺、低流失，使用温度高于 350℃的隔垫。

（4）分析步骤

① 将试样置于试样瓶中，加入 0.5～1mL 正己烷，密闭，轻摇使样品溶解，待分析。

② 按照仪器操作规程打开气相色谱-质谱仪的气路和电路系统，启动仪器。

③ 设置气相色谱仪工作条件：汽化室温度 300～350℃；柱箱起始温度 70～100℃，恒温 5min 后，按 2～4℃/min 速率程序升温至 320℃；载气（氦气）线速度 17～22cm/s。

④ 设置质谱仪工作条件：离子源温度 150～250℃；传输接口温度 250～300℃；电离方式 EI（电子轰击），电离能量 70eV；扫描方式为全扫描或多离子扫描，扫描范围 50～600u，扫描速率 0.5～1.5s/次。

⑤ 待离子源真空度达标，仪器运行稳定后，用全氟三丁胺（FC-43）校正质谱仪。

⑥ 用微量注射器抽取微量试样，视试样浓度情况选择分流或无分流进样方式注入色谱仪的汽化室，同时启动程序升温和数据采集（注：空白测试合格后，方可进行试样测定）。

⑦ 用仪器专用软件对所采集的数据进行处理。对目标色谱峰进行质谱特征分析并结合相对保留时间法进行化合物定性鉴定（参见表 5-24 和表 5-25）。根据分析目标提取总离子流色谱图（TIC）及 m/z217、m/z191 质量色谱图，分别测定和计算各甾烷、萜烷及其他目标化学组分的色谱峰高或峰面积及相对含量。

⑧ 当生物标志物浓度过低影响监测时，用尿素或 0.5nm（5Å）分子筛配位法除去正构烷烃。

⑨ 计算试样的地球化学参数。

表 5-24 是得到的甾烷的定性分析结果，表 5-25 是得到的萜烷的定性分析结果。

表 5-24 甾烷的定性分析结果

峰号	分子式	分子量	化合物名称
1	$C_{21}H_{36}$	288	5α(H)-孕甾烷
2	$C_{22}H_{38}$	302	5α(H)-升孕甾烷
3	$C_{27}H_{48}$	372	13β(H),17α(H)-重排胆甾烷(20*S*)
4	$C_{27}H_{48}$	372	13β(H),17α(H)-重排胆甾烷(20*R*)
5	$C_{27}H_{48}$	372	13α(H),17β(H)-重排胆甾烷(20*S*)
6	$C_{27}H_{48}$	372	13α(H),17β(H)-重排胆甾烷(20*R*)
7	$C_{27}H_{48}$	372	5α(H),14α(H),17α(H)-胆甾烷(20*S*)
8	$C_{27}H_{48}$	372	5α(H),14β(H),17β(H)-胆甾烷(20*R*)
9	$C_{27}H_{48}$	372	5α(H),14β(H),17β(H)-胆甾烷(20*S*)
10	$C_{27}H_{48}$	372	5α(H),14α(H),17α(H)-胆甾烷(20*R*)
11	$C_{29}H_{52}$	400	24-乙基,13β(H),17α(H)-重排胆甾烷(20*R*)
12	$C_{29}H_{52}$	400	24-乙基,13α(H),17β(H)-重排胆甾烷(20*S*)
13	$C_{28}H_{50}$	386	24-甲基,5α(H),14α(H),17α(H)-胆甾烷(20*S*)
14	$C_{28}H_{50}$	386	24-甲基,5α(H),14β(H),17β(H)-胆甾烷(20*R*)
15	$C_{28}H_{50}$	386	24-甲基,5α(H),14β(H),17β(H)-胆甾烷(20*S*)
16	$C_{28}H_{50}$	386	24-甲基,5α(H),14α(H),17α(H)-胆甾烷(20*R*)
17	$C_{29}H_{52}$	400	24-乙基,5α(H),14α(H),17α(H)-胆甾烷(20*S*)
18	$C_{29}H_{52}$	400	24-乙基,5α(H),14β(H),17β(H)-胆甾烷(20*R*)
19	$C_{29}H_{52}$	400	24-乙基,5α(H),14β(H),17β(H)-胆甾烷(20*S*)
20	$C_{29}H_{52}$	400	24-乙基,5α(H),14α(H),17α(H)-胆甾烷(20*R*)

表 5-25 萜烷的定性分析结果

峰号	分子式	分子量	化合物名称
1	$C_{19}H_{34}$	262	13β(H),14α(H)-C_{19} 三环萜烷
2	$C_{20}H_{36}$	276	13β(H),14α(H)-C_{20} 三环萜烷
3	$C_{21}H_{38}$	290	13β(H),14α(H)-C_{21} 三环萜烷
4	$C_{22}H_{40}$	304	13β(H),14α(H)-C_{22} 三环萜烷
5	$C_{23}H_{42}$	318	13β(H),14α(H)-C_{23} 三环萜烷
6	$C_{24}H_{44}$	332	13β(H),14α(H)-C_{24} 三环萜烷
7	$C_{25}H_{46}$	346	13β(H),14α(H)-C_{25} 三环萜烷
8	$C_{24}H_{42}$	330	C_{24} 四环萜烷
9	$C_{26}H_{48}$	360	13β(H),14α(H)-C_{26} 三环萜烷
10	$C_{27}H_{50}$	374	13β(H),14α(H)-C_{27} 三环萜烷
11	$C_{28}H_{52}$	388	13β(H),14α(H)-C_{28} 三环萜烷
12	$C_{29}H_{54}$	402	13β(H),14α(H)-C_{29} 三环萜烷
13	$C_{27}H_{46}$	370	18α(H)-22,29,30 三降藿烷(T_s)
14	$C_{27}H_{46}$	370	17α(H)-22,29,30 三降藿烷(T_m)

续表

峰号	分子式	分子量	化合物名称
15	$C_{30}H_{56}$	416	13β(H),14α(H)-C_{30} 三环萜烷
16	$C_{27}H_{46}$	370	17β(H)-22,29,30 三降藿烷
17	$C_{29}H_{50}$	398	17α(H),21β(H)-30 降藿烷
18	$C_{29}H_{50}$	398	18α(H)-30 降新藿烷($C_{29}T_s$)
19	$C_{30}H_{52}$	412	C_{30} 重排藿烷
20	$C_{29}H_{50}$	398	17β(H),21α(H)-30 降莫烷
21	$C_{30}H_{52}$	412	18α(H)-奥利烷
22	$C_{30}H_{52}$	412	17α(H),21β(H)-藿烷
23	$C_{29}H_{50}$	398	17β(H),21β(H)-30 降藿烷
24	$C_{30}H_{52}$	412	17β(H),21α(H)-莫烷
25	$C_{31}H_{54}$	426	17α(H),21β(H)-30 升藿烷(22*S*)
26	$C_{31}H_{54}$	426	17α(H),21β(H)-30 升藿烷(22*R*)
27	$C_{30}H_{52}$	412	伽马蜡烷
28	$C_{30}H_{52}$	412	17β(H),21β(H)-藿烷
29	$C_{31}H_{54}$	426	17β(H),21α(H)-30 升莫烷(22*S*+22*R*)
30	$C_{32}H_{56}$	440	17α(H),21β(H)-30,31 二升藿烷(22*S*)
31	$C_{32}H_{56}$	440	17α(H),21β(H)-30,31 二升藿烷(22*R*)
32	$C_{33}H_{58}$	454	17α(H),21β(H)-30,31,32 三升藿烷(22*S*)
33	$C_{33}H_{58}$	454	17α(H),21β(H)-30,31,32 三升藿烷(22*R*)
34	$C_{34}H_{60}$	468	17α(H),21β(H)-30,31,32,33 四升藿烷(22*S*)
35	$C_{34}H_{60}$	468	17α(H),21β(H)-30,31,32,33 四升藿烷(22*R*)
36	$C_{35}H_{62}$	482	17α(H),21β(H)-30,31,32,33,34 五升藿烷(22*S*)
37	$C_{35}H_{62}$	482	17α(H),21β(H)-30,31,32,33,34 五升藿烷(22*R*)

注：1. 当色谱柱型号、柱长等色谱条件不同时，某些生物标志物的出峰顺序可能有变动。
2. 各峰的定性仅说明该生物标志物的保留位置，但尚可能有其他生物标志物在此共逸出。

5.5.3 全球气候变化中正构烷烃、正构脂肪酸生物标志物的分析方法

在全球变化研究中，研究最多的生物标志化合物是类脂物分子，包括烷烃、芳烃、酸、醇、酮和酯等。在这些类脂物中，沉积物中正构烷烃的含量和分布特征与源区环境有密切的联系，将正构烷烃作为一个独立气候环境参数进行研究，可以获取全球气候环境变化的信息；脂肪酸由于其结构具有多样性，且有高度的生物专一性，亦常被用作古气候变化的指示物。

(1) 方法提要

土壤样品经加速溶剂萃取技术提取，柱色谱分离，气相色谱检测。采用标准物质依保留时间对各组分进行定性鉴定，采用内标法对目标化合物进行定量。

(2) 仪器和设备

① Dionex ASE200 加速溶剂萃取仪。

② FINNIGAN Trace GC Ultra 气相色谱仪。

（3）试剂和材料

① Sil 60 硅胶（0.037～0.063 mm，德国 Merck 公司）。

② 二氯甲烷　色谱纯。

③ 丙酮　色谱纯。

④ 甲醇　色谱纯。

⑤ KOH。

⑥ 正己烷　色谱纯。

⑦ C_{36} 正构烷烃内标。

（4）分析步骤

① 样品经干燥、磨碎、过筛，称量，在不同条件下用 ASE200 进行萃取，萃取温度为 80℃、110℃、150℃，静态萃取时间 5min、10min，循环次数 1 次、2 次，压力约为 5.52MPa、8.27MPa、10.3MPa 。

② 将萃取液吹干，加入 1mL 60g/L KOH-甲醇溶液，过夜，加入 7mL 正己烷，4 次萃取中性类脂，合并萃取液，氮气吹至近干，过硅胶柱色谱，用正己烷淋洗液洗脱烷烃，氮气吹干 。

③ 加入 C_{36} 正构烷烃作为内标，用正己烷定容，气相色谱定量分析。

（5）定性

采用标准物质保留时间定性。

（6）定量

按样品中每种正构烷烃与 C_{36} 正构烷烃的响应因子为 1，计算正构烷烃的含量。计算公式为：

正构烷烃的含量＝C_{36} 正构烷烃含量×正构烷烃的峰面积/C_{36} 正构烷烃的峰面积

表 5-26 是方法的精密度，表 5-27 是样品中正构烷烃的分析结果。

表 5-26　方法精密度

组分	测定平均值 $w_B/(\mu g/g)$	RSD/%	组分	测定平均值 $w_B/(\mu g/g)$	RSD/%
C_{16}	0.09	12	C_{27}	2.00	8
C_{17}	0.45	15	C_{28}	0.37	17
C_{18}	0.26	10	C_{29}	1.68	13
C_{19}	0.30	17	C_{30}	0.22	23
C_{20}	0.31	8	C_{31}	0.67	11
C_{21}	0.54	11	C_{32}	0.14	19
C_{22}	0.45	13	C_{33}	0.28	10
C_{23}	0.54	10	C_{16}～C_{21}	1.95	9
C_{24}	0.40	10	C_{22}～C_{33}	8.13	10
C_{25}	0.89	9	C_{16}～C_{33}	10.08	9
C_{26}	0.49	18			

表 5-27 样品中正构烷烃的分析结果

组分	样品 1		样品 2		样品 3	
	平均值 w_B/(μg/g)	RSD /%	平均值 w_B/(μg/g)	RSD /%	平均值 w_B/(μg/g)	RSD /%
C_{17}	0.18	17	0.24	11	0.27	3
C_{18}	0.14	23	0.15	5	0.18	4
C_{19}	0.41	22	0.16	8	0.20	8
C_{20}	0.20	16	0.16	5	0.22	1
C_{21}	0.34	13	0.19	8	0.26	10
C_{22}	0.22	10	0.17	14	0.27	12
C_{23}	0.32	14	0.26	12	0.34	11
C_{24}	0.26	12	0.20	14	0.25	14
C_{25}	0.56	6	0.64	4	0.46	14
C_{26}	0.33	17	0.28	12	0.28	24
C_{27}	1.30	12	2.00	4	0.81	14
C_{28}	0.34	2	0.47	4	0.26	16
C_{29}	1.77	9	3.97	3	1.84	10
C_{30}	0.29	14	0.49	2	0.25	13
C_{31}	1.73	7	6.38	1	1.65	9
C_{32}	0.15	1	0.48	1	0.16	8
C_{33}	0.75	4	3.79	1	0.76	9
C_{16}~C_{21}	1.27	18	0.90	12	1.13	15
C_{22}~C_{33}	8.02	8	19.13	6	7.33	15
C_{16}~C_{33}	9.29	9	20.03	6	8.46	15

注：C_{16} 数据源文献缺失。该文献的源文献为：石丽明，刘美美，王晓华，等. 加速溶剂萃取提取土壤中正构烷烃的方法研究 [J]. 岩矿测试，2010，29 (2)：104-108.

参考文献

[1] 罗立强，吴晓军.现代地质分析技术研究与应用［M］.北京：科学出版社，2017.

[2] 邢其毅，裴伟伟，徐瑞秋，裴坚.基础有机化学（第4版）［M］.北京：高等教育出版社，2017.

[3] 戴春雷，张雷，李娇娜.地球化学基础［M］.北京：中国石化出版社，2013.

[4] 苗建宇，庞军刚.油气有机地球化学［M］.北京：石油工业出版社，2012.

[5] 陈昭年.石油与天然气地质学（第2版）［M］.北京：地质出版社，2013.

[6] 曾永平，倪宏刚.常见有机污染物分析方法［M］.北京：科学出版社，2010.

[7] 丁明玉，尹洧，何洪巨，李玉珍.分析样品前处理技术与应用［M］.北京：清华大学出版社，2017.

[8] 侯读杰，冯子辉.油气地球化学［M］.北京：石油工业出版社，2011.

[9]《岩石矿物分析》编委会.岩石矿物分析（第4版）第四分册［M］.北京：地质出版社，2011.

[10] 王玉枝，陈贻文，杨桂法.有机分析［M］.长沙：湖南大学出版社，2009.

[11] 江桂斌.环境样品前处理技术（第2版）［M］.北京：化学工业出版社，2016.

[12] 黄一石.分析仪器操作技术与维护［M］.北京：化学工业出版社，2013.

[13] 朱明华，胡坪.仪器分析（第4版）［M］.北京：高等教育出版社，2008.

[14] 方惠群，于俊生，史坚.仪器分析［M］.北京：科学出版社，2002.

[15] 武汉大学.分析化学（第6版）［M］.北京：高等教育出版社，2016.

[16] 华东理工大学.分析化学（第5版）［M］.北京：高等教育出版社，2006.

[17] 叶宪曾，张新祥.仪器分析教程（第2版）［M］.北京：北京大学出版社，2006.

[18] 张寒琦.仪器分析［M］.北京：高等教育出版社，2009.

[19] 刘约权.现代仪器分析（第3版）［M］.北京：高等教育出版社，2006.

[20] 吴谋成.仪器分析［M］.北京：科学出版社，2003.

[21] 严衍禄.现代仪器分析［M］.北京：北京农业大学出版社，2000.

[22] 董慧茹.仪器分析（第3版）［M］.北京：化学工业出版社，2016.

[23] Douglas A，Skoog F，James Holler，et al. Principles of Instrumental Analysis（Sixth Edition）［M］. Thomson-Brooks/Cole，2006.

[24] 廖克俭.天然气及石油产品分析［M］.北京：中国石化出版社，2006.

[25] 赵淑莉，谭培功.空气中有机物的监测分析方法［M］.北京：中国环境科学出版社，2005.

[26] 李国刚.空气和土壤中持久性有机污染物监测分析方法［M］.北京：中国环境科学出版社，2008.

[27] 解天民.水中常见有机污染物的分析方法：国外先进方法转化［M］.北京：中国环境科学出版社，2009.

[28] 蒋启贵，张志荣，秦建中.油气地球化学定量分析技术［M］.北京：科学出版社，2014.

[29] 朱书奎，邢钧，吴采樱.全二维气相色谱的原理、方法及应用概述［J］.分析科学学报，2005，21（3）：332-336.

[30] 童婷，张万峰，李东浩，等.气流吹扫-注射器微萃取-全二维气相色谱法用于原油组分的表征［J］.色谱，2014，32（10）：1144-1151.

[31] Jeannot M A，Cantwell F F. Solvent microextraction into a single drop［J］. Anal Chem，1996，68（13）：2236-2240.

[32] Hanghui Liu，Purnendu K. Dasgupta，Analytical chemistry in a drop solvent extraction in a microdrop［J］. Anal Chem，1996，68（11）：1817-1821.

[33] Arthur C L，Pawliszyn J. Solid phase microextraction with thermal desorption using fused silica optical fibers［J］. Anal Chem，1990，62（19）：2145-2148.

[34] Llompart M，Celeiro M，García-Jares C，Dagnac T. Environmental applications of solid-phase microextraction［J］. TrAC Trends Anal Chem，2019，112：1-12.

[35] Ghiasvand A R，Hajipour S，Heidari N. Cooling-assisted microextraction：Comparison of techniques and applications［J］. TrAC Trends Anal Chem，2016，77：54-65.

[36] Xu S，Shuai Q，Pawliszyn J. Determination of Polycyclic Aromatic Hydrocarbons in Sediment by Pressure-Balanced Cold Fiber Solid Phase Microextraction［J］. Anal Chem，2016，88（18）：8936-8941.

[37] Haddadi S H, Pawliszyn J. Cold fiber solid-phase microextraction device based on thermoelectric cooling of metal fiber [J]. J Chromatogr A, 2009, 1216 (14): 2783-2788.

[38] Jiang R, Carasek E, Risticevic S, et al. Evaluation of a completely automated cold fiber device using compounds with varying volatility and polarity [J]. Anal Chimica Acta, 2012, 742: 22-29.

[39] Memarian E, Davarani S S H, Nojavan S, et al. Direct synthesis of nitrogen-doped graphene on platinum wire as a new fiber coating method for the solid-phase microextraction of BXes in water samples: Comparison of headspace and cold-fiber headspace modes [J]. Anal Chimica Acta, 2016, 935: 151-160.

[40] Brinkman U A. Recent developments in the application of comprehensive two-dimensional gas chromatography [J]. J Chromatogr A, 2008, 1186 (1): 67-108.

[41] 李艳艳. 全二维气相色谱用于轻质石油馏分中芳烃含量的测定 [J]. 色谱, 2006, 24 (4): 380-384.

[42] 李海锋, 钟科军, 路鑫, 等. 全二维气相色谱/飞行时间质谱 (GC×GC/TOFMS) 用于烟叶中挥发、半挥发性碱性化合物的组成研究 [J]. 化学学报, 2006, 64 (18): 1897-1903.

[43] 邱涯琼, 路鑫, 许国旺. 全二维气相色谱在药物分析中的应用 [J]. 药物分析杂志, 2008, 28 (3): 498-505.

[44] Esrafili A, Baharfar M, Tajik M, Yamini Y, Ghambarian M. Two-phase hollow fiber liquid-phase microextraction [J]. TrAC Trends Anal Chem, 2018, 108: 314-322.

[45] Pedersen-Bjergaard S, Rasmussen K E. Liquid-Liquid-Liquid microextraction for sample preparation of biological fluids prior to capillary electrophoresis [J]. Anal Chem, 1999, 71 (14): 2650-2656.

[46] Shen G, Lee H K. Hollowfiber-protected liquid-phase microextraction of triazine herbicides [J]. Anal Chem, 2002, 74 (3): 648-654.

[47] Xiong J, Hu B. Comparison of hollow fiber liquid phase microextraction and dispersive liquid-liquid microextraction for the determination of organosulfur pesticides in environmental and beverage samples by gas chromatography with flame photometric detection [J]. J Chromatogr A, 2008, 1193 (1): 7-18.

[48] Xia L, Hu B, Jiang Z, Wu Y, Chen R, Li L. Hollow fiber liquid phase microextraction combined with electrothermal vaporization ICP-MS for the speciation of inorganic selenium in natural waters [J]. J Anal At Spectrom, 2006, 21 (3): 362-365.

[49] Ouyang G, Pawliszyn J. Kinetic Calibration for Automated Hollow Fiber-Protected Liquid-Phase Microextraction [J]. Anal Chem, 2006, 78 (16): 5783-5788.

[50] Huang S, Hu D, Wang Y, Zhu F, Jiang R, Ouyang G. Automated hollow-fiber liquid-phase microextraction coupled with liquid chromatography/tandem mass spectrometry for the analysis of aflatoxin M1 in milk [J]. J Chromatogr A, 2015, 1416: 137-140.

[51] Cui S, Tan S, Ouyang G, Pawliszyn J. Automated polyvinylidene difluoride hollow fiber liquid-phase microextraction of flunitrazepam in plasma and urine samples for gas chromatography/tandem mass spectrometry [J]. J Chromatogr A, 2009, 1216 (12): 2241-2247.

[52] Rezaee M, Assadi Y, Milani Hosseini M R, Aghaee E, Ahmadi F, Berijani S. Determination of organic compounds in water using dispersive liquid-liquid microextraction [J]. J Chromatogr A, 2006, 1116 (1): 1-9.

[53] Heavner D, Ogden M, Nelson P. Multisorbent thermal desorption/mass selective detection method for the determination of target volatile organic compounds in indoor air [J]. Environ Sci Technol, 1992, 26: 1737-1746.

[54] Camel V, Caude M. Trace enrichment methods for the determination organic pollutents in ambient air [J]. J Chromatogr A, 1995, 710: 3-19.